2025年を制覇

—— 元宇宙時代

全球經濟
新霸主

Google、Amazon、Facebook、Apple、Netflix、Microsoft
Tesla、Impossible Foods、Robinhood、CrowdStrike、Shopify

矽谷創投家 **山本康正**——著　　尤莉——譯

食、衣、住、行、物流、醫療、金融、影視產業……

新趨勢，新戰略，
決定世界新樣貌！

好評
推薦

無為教育科技
《開課快手》創辦人
林宜儒

東海大學數位創新
碩士學位學程主任
周忠信

數位轉型學院共同創辦人暨院長
台大商研所兼任教授
詹文男

元宇宙時代
全球經濟新霸主

這是2025年12月12日，新冠疫情過後的日常世界。

前言
這 11 間公司將決定 5 年後的未來

在日本千葉縣浦安市一棟大廈的房間裡，一名男子頭上戴著某種類似護目鏡的裝置，正用對著他面前的螢幕比手畫腳。

這位男性的名字是中村翔（化名），今年 42 歲。螢幕右下角的日曆顯示日期為 2025 年 12 月 12 日。

他從東京大學畢業後，進入一家大型日本貿易公司工作。然而，他離開了公司。因為他不喜歡公司的老派作風，像是仍維持年功序列制 1，拒絕採用新系統和技術。後來他進入了一家做人工智慧（AI）開發的創新公司。雖然這份工作沒有大企業來的穩定，卻很有挑戰性，而且公司正以上市為目標而努力。

阿翔頭上戴的裝置是微軟的產品，叫做 HoloLens。

HoloLens 能將電腦或智慧型手機上顯示的虛擬世界，透過鏡頭投射到眼前的真實世界。他先前用來交談的螢幕也不是真實的，而是投射在空間中的虛擬影像。螢幕上出現的是在不同地點的公司同事。

　　而他正用 HoloLens 與同事開會，討論關於預計 2026 年推出的新產品的廣告行銷活動。

　　近年來，像這樣把現實世界與虛擬世界相結合的混合實境（Mixed Reality，簡稱 MR）技術已迅速滲透到社會中，成了商業和日常生活中不可缺少的一部分。

　　此外，在他用來交談的螢幕的旁邊，還有一個預計在活動中使用的產品實際尺寸立體影像。而在產品旁，播放著活動要用的影片。這些當然也都是虛擬影像。

　　含他自己在內，共有 10 名成員參加了會議。其中有一位來自美國辦公室的公關人員，一位來自法國辦公室的企劃開發人員，以及一位來自中國的工廠負責人。所有的與會者都戴著 HoloLens，分享影片和產品，並進行討論。

　　過了一會兒，阿翔摘下了 HoloLens，開始用起電腦。這是為了下一次會議做準備。他使用的視訊會議軟體是收購了 Zoom 的谷歌所推出的 Google Zoom。他以前主要使用別的軟體開會，但自從轉入創業產業後，不僅是視訊會議工具，還有許多其他商業應用軟體都改用谷歌。

1　日本的一種傳統人事制度，員工的薪水會隨著個人在公司的年資、年齡等而增加。

　　與他一起進行視訊會議的人是美國加州辦公室的約翰。對約翰來說已經快到下班時間了，所以這次會議像是為了交接專案給其他人。

　　阿翔的英語並不流利，而約翰也不會說日語。但他們之間的溝通沒有問題。因為他講的日語立刻被翻譯成英語，約翰的英語也立即被翻譯成日語，而且雙方都可以聽到翻譯後的聲音。

　　這要歸功於谷歌 DeepMind 的人工智慧，以及可以即時處理大量數據的雲端。

　　人工智慧的作用並不僅限於翻譯。會議記錄同樣可以用英語和日語記錄下來。即使在寫電子郵件或合約時，人工智慧也會根據過去的工作紀錄中，建議最佳格式給使用者。因此，他要做的就是填寫表單並按下寄信。從數年前開始，他就不再使用紙張了。

　　一台具有上述所有優異功能的電腦，但它的價格只需19,800 日圓。這是由谷歌所發售的電腦，只有最基本像是連接網路的功能。然而，這台電腦只需連接旁邊的手機或雲端，就能實現前面提到的人工智慧等高級功能。

　　這台電腦是阿翔的個人財產，所以上面並沒有公司資產的

貼紙。由於一家名為 CrowdStrike 的企業所開發的電腦安全技術，它使用了人工智慧和零信任安全模式（Zero Trust，以不信任所有人為前提的概念，公司內外皆然）。出於安全考量，2025 年時使用 VPN（virtual private network，虛擬私人網路）和防毒軟體的人少了很多。

　　阿翔原先待的貿易公司政策是每天都要進辦公室，這也是他萌生退意的原因之一。他不喜歡擁擠的火車，而且他也認為工作可以在自家中進行。這正是他現在的工作方式。

　　員工可以自行決定進辦公室的時間和頻率，只要能端出成果來就好。這就是為什麼他每週只去一次辦公室。

　　5 年前威脅全世界的新冠病毒的影響仍在持續。雖然已經開發出了疫苗，但病毒又發生變異，出現了毒性更強的 COVID-22 和 24，不得不再次開發新的疫苗。這場如同貓抓老鼠的遊戲仍在進行中。

　　不過人類也沒有坐以待斃。由 GAFA[2] 領軍的科技產業已經加快開發新科技，讓人們可以在沒有近距離接觸或面對面的情況下生活。許多公司就跟阿翔的公司一樣，已經採用了新科技，

2　美國四大科技巨擘：谷歌（Google）、蘋果公司（Apple）、臉書（Facebook）、亞馬遜（Amazon），簡稱 GAFA。

數位轉型（Digital transformation，簡稱 DX）已經迅速成為社會的一部分。

就如同某位專家的評論：「新冠病毒使科技的演變加快了10 年」，2025 年的世界將隨著新冠病毒的出現而發生了巨大的變化。

另一方面，阿翔以前待過的大型貿易公司錯過了數位轉型浪潮，美國投資家華倫·巴菲特（Warren Buffett）買下了該公司近 10% 的股份。但由於新冠疫情尚未結束，原料市場仍不見回復，公司的股價一蹶不振。結果造成傑出人才相繼出走，公司也失去了往日的榮光。

正如日本經濟產業省[3] 在其 2018 年《2025 年的懸崖》報告中警告的那樣，使用舊有系統的大公司將絕大多數的 IT 預算都用在維護系統上，他們認為是資產的系統搖身變成了負債，讓那些大公司陷入了困境。

3　日本的行政機關之一，相當於我國的經濟部。

◇比火車舒適200%的通勤方式：自動駕駛計程車

今天是阿翔去辦公室的日子。他準備好了以後，拿出手機，在叫車應用程式（APP）上叫了一輛計程車。而當他走到樓下大門時，剛剛叫的計程車已經停在門前了。

計程車的車身上寫著「自動駕駛計程車」（Robotaxi）。這台計程車是自動駕駛，沒有司機。而車子本身也與以前的車身相當不一樣。不僅沒有方向盤，也沒有前、後排座位的區別。它是採取包廂式（面對面）座位，因此當多人同時搭乘時，他們可以面對面交流。這款車是由特斯拉所開發的。

阿翔一坐上車，車內就開始播放他喜歡的音樂。這是因為阿翔自己也有購買特斯拉，所以特斯拉的人工智慧能夠掌握他的喜好。車內還有一台螢幕，播放著也許能為生意帶來幫助的人工智慧相關新聞。

自動駕駛計程車是特斯拉提供的一項服務，它使用通常停在停車場的車輛作為計程車。到了 2025 年，特斯拉的充電站將遍佈整座城市，在飯店、超市和星巴克等便於充電的地點也會有充電站。

　　特斯拉也有進軍太陽能發電產業。阿翔住的大廈也配備了特斯拉的太陽能板。

　　特斯拉並不是唯一推出自動駕駛計程車的公司，亞馬遜（Amazon）也在與特斯拉競爭。亞馬遜在 2020 年收購了自駕車新創公司 Zoox 後，開始迅速發展自動駕駛計程車，並開始推行亞馬遜計程車（Amazon taxi）服務。

　　亞馬遜計程車中的一切都與亞馬遜息息相關。當你進入車內，你會發現亞馬遜產品隨處可見。與特斯拉一樣，亞馬遜計程車也有搭載螢幕，透過分析亞馬遜客戶的巨量資料（big data，中國稱為大數據）後，提供客戶影片和其他最佳化資訊。

　　亞馬遜計程車也配備了因應新冠疫情的系統。當每次有乘客下車時，車內都會自動進行消毒。消毒使用的噴霧劑當然也是由亞馬遜生產的產品，並提供客戶當場訂購。

　　當亞馬遜在 2020 年開始開發自動駕駛計程車時，Uber 也開始在東京推行服務。Uber 在東京只有提供叫車服務，並沒有提供共乘。然而，由於市場被自動駕駛計程車火速搶佔，Uber 不得不退出東京。

　　阿翔坐火車的機會也急劇減少。原因是自動駕駛計程車在時間、價格和安全性方面都具有壓倒性的優勢。從浦安到六本木坐火車約需 45 分鐘，票價為 350 日圓。但自動駕駛計程車只需 25 分鐘，價格是 210 日圓。而且自動駕駛是送到家門口，也就是門對門（door-to-door），所以可以避免群聚。

　　由於以上原因，很多人都在改搭自動駕駛計程車，火車的班次只剩以前的十分之一。

　　就像火車和 Uber，在 2025 年的世界中，有某種產業被淘汰。那就是汽車經銷商。原因是，隨著自動駕駛計程車的出現，購買私家車的人數急劇下降。

　　阿翔到達了位於六本木的辦公室，沒有付車資就直接進了大樓。這是因為車資是由他用來訂車的應用程式自動支付的。阿翔下車後，自動駕駛計程車就迅速趕往下一個客戶。因為那是一輛電動車，所以非常安靜。

◇出差住的飯店是蘋果飯店

某天，阿翔要去大阪出差。過去他乘坐新幹線時，會使用車內的 Wi-Fi。但現在因為 5G 已經普及，所以他不用 Wi-Fi 了。而除了 5G 之外，自從他把通訊裝置移到雲端後，通訊成本也大幅下降。

阿翔選擇的方案是每月 3,000 日圓，流量上限 500GB；五年前，相同價格的流量約為 5GB。現在他坐車時不必擔心流量問題，而且手機和筆電也一直保持著連接狀態。甚至當他觀看影片時也沒有延遲問題。

在大阪的會議結束後，阿翔前往晚上要住的飯店。飯店是由蘋果公司開的蘋果飯店，最近才剛開幕。這家飯店原本屬於一家大型飯店集團，由於集團因新冠疫情破產，所以便由大型私募基金接手，而蘋果公司購買了其中豪華品牌飯店的商標權。蘋果公司在日本推出了 Apple Card（蘋果信用卡），進入了金融產業。由於 Apple Card 提供了比其他卡更高的折扣，很快就受到了 iPhone 使用者們的青睞。阿翔會選擇蘋果飯店的其中一項原因也是因為他們提供的額外折扣。

他對蘋果飯店的偏愛不僅來自於較高的折扣，而是因為他

可以不用經過麻煩程序，就能擁有一個舒適的環境。當阿翔抵達房間時，他只需對著房間門口的觸控螢幕感應他的 iPhone。

只要用手機感應一下，空調、燈光、音響和其他設置都按他的個人喜好設定好了。這是由蘋果公司提供的一項名為 App Clips 的服務所實現的。

有了 App Clips，你不必安裝個別的應用程式，只需在需要時使用應用程式的功能即可。你要做的就是舉起你的 iPhone。只要有 iPhone 和 App Clips，不管到哪裡都只需感應一下，就能立刻進入自己喜歡的環境中。

阿翔不知是因為開會感到疲憊，還是因為在 App Clips 提供的環境中很放鬆，一進房間就整個人躺到了床上。然後他聽到舒緩的音樂透過 AirPods 傳來，這是他戴在耳上的無線耳機。阿翔心想也許自己快睡著了，便把眼鏡放在床頭櫃上。

AirPods（蘋果無線耳機）能夠播放令人平靜的音樂，原因出自於他們分析了從眼鏡中得到的資訊。這就是 Apple Glass（蘋果眼鏡）。Apple Glass 解讀了阿翔的臉部表情，分析出他的心理和身體狀態。它判斷出阿翔很累，並透過 AirPods 播放舒緩的音樂。

阿翔放好眼鏡後，音樂變成了更加舒緩、溫和的音調，讓人進入舒適的睡眠狀態。

這幾年來，阿翔一直都戴著他的 Apple Glass、Apple Watch（蘋果手錶）和 AirPods，除了洗澡或運動時才會拿下。這不僅是因為它們會向他發送最好的資訊，還有因為裝置已經發展到可以進行無線充電。

◇人工智慧教師向小學二年級學生傳授九九乘法

阿翔有兩個小孩：小學二年級的男生翔平，和上幼稚園的 5 歲小女孩翔子。由於新冠疫情的影響揮之不去，小學的課程已經完全轉為遠距教學。就在阿翔在家遠距工作的時候，翔平也在爸爸隔壁的房間裡上他的小學課程。

HoloLens 在遠距課堂上也很活躍。今天上的是自然課。一個真人大小的人體模型出現在戴了 HoloLens 的翔平眼前。隨著老師的講解，內臟和骨骼一個接一個地浮現出來，就像解剖一樣，讓翔平非常感興趣。

課堂也是互動的，如果學生有任何問題，可以當場向老師

提問。不僅是翔平，還有許多其他孩子爭著提出問題，他們肯定對人類的身體構造非常感興趣吧！這時，有一個不同於老師的聲音回答了問題。人工智慧（AI）理解了問題後並立即做出回答。

人工智慧還可以代替老師解答試題，在家裡念書時也是一個可靠的盟友。比如說九九乘法。人工智慧系統瞭解每個學生的學習進度是不同的，並會因材施教。人工智慧教師知道翔平不擅長背「8」的倍數，所以今天就把 8 的倍數徹底反復背誦了一遍。

隨著人工智慧教師的出現，只看串流（streaming）影音的線上學習平台的市占率逐漸下降。

學生們可以更有效地學習，不必花時間通勤，娛樂時間也就跟著增加了。他們在虛擬空間中玩網路遊戲和社群網路服務（Social Networking Services）。最近，翔平迷上了《要塞英雄》（Fortnite），這是世界上最大的線上遊戲之一。翔平唸完書後，登入了《要塞英雄》。先登入遊戲的幾個朋友已經玩得很高興了，翔平也加入了他們的行列。

他的朋友中也有人愛看遊戲實況。翔平依舊開著

HoloLens，他覺得好像他的朋友真的在他旁邊一起作戰，感到十分自在，。

當翔平玩膩了遊戲後，他登入了 Horizon。Horizon 是由臉書（Facebook）提供的虛擬實境社群服務。它允許使用者透過的另一個自己，即替身（avatar），在線上的 VR 空間中與其他使用者互動。

翔平在 Horizon 中操縱著自己的替身駕駛飛機，或與剛才一樣，與朋友們一起中玩戰鬥遊戲，非常的開心。

◇Alexa烹飪大廚最愛用的植物肉排

由於阿翔的伴侶繪里香在服務業工作，所以她時常必須出門上班。因此，他們的女兒翔子平常會去上幼稚園。有一天，繪里香的手機警報響了。警報的來源是翔子手臂上的 Apple Watch。

Apple Watch 手錶已經發展到可以測量許多種人類的生命徵象。蘋果公司在分析了翔子的生命徵象，並確定她身體不適後發出了警報。這個警報是由蘋果公司發送的。繪里香提前下班

去接女兒，並沒有發生很嚴重的問題。

當繪里香下班回家後便開始做晚飯。然而，她不會自己使用刀具或鍋子。繪里香所做的就是把食材從冰箱裡拿出來放在砧板上，或是把切好的食材放入微波爐或鍋子裡。真正的烹飪工作是由亞馬遜的機器人 Alexa 烹飪大廚（Alexa Cooking Chef）負責完成的。

Alexa 烹飪大廚搭載亞馬遜的人工智慧 Alexa，當它識別出食材時，就能瞬間判斷該如何根據食譜進行烹飪。如果遇到它做不到的事，它會請繪里香幫忙。

繪里香不只不需做飯，她甚至不用考慮食譜。因為 Alexa 了解她的口味、喜好及健康狀況。她也不必去購物，因為冰箱也有搭載人工智慧。如果食材用完了，或者需要用什麼食材，它都會自動訂購。

有時你可能想來一點不一樣的食材，這時也只要向智慧音箱說：「Alexa，幫我訂大量的新鮮香菜」就可以了。「智慧房屋」（Smart House）的概念是，人工智慧參與你生活的每個部分，這就像有一個叫 Alexa 的作業系統控制你的家。

阿翔和家人住的大廈被稱為亞馬遜大廈，是亞馬遜經營的房地產。房間裡的所有家電都是亞馬遜精挑細選過的，不僅是廚具，連浴室、空調、照明等都是亞馬遜品牌。

所有的裝置都透過雲端連結在一起，中村一家不必自己動手，Alexa 會自動判斷並完成大部分工作，包括開燈和關燈。

亞馬遜大廈不僅舒適，而且價格也比類似的房子低。這是因為亞馬遜認為大廈也可以用來獲取數據資料，以及做為廣告之用。進出大廈時不使用鑰匙或卡片，而是透過安裝在入口處的攝影機進行臉部識別。

亞馬遜大廈裡還有一個農場，繪里香之前用的食材就是在同一棟建物的農場裡種植的。不僅這棟大廈的居民可以購買生產的蔬菜和其他農產品，一般民眾也可以透過亞馬遜購買。

料理看起來已經準備好了。擺在桌上的主餐是一塊熱騰騰、滿溢著肉汁的肉排。繪里香咬了一口，滿足地說：「真好吃！」但這塊肉排實際上不是真正的牛肉，而是一種由大豆製成的肉類替代品。它是由美國一家新創公司不可能食品公司（Impossible Foods）所開發的。

繪里香從小就很重視殺害動物的問題，所以很想試試吃素。

但她又很愛吃美食，所以一直沒有付諸行動。那是因為她一直覺得素食並不好吃。但是幾年前，繪里香成了一個完全的素食主義者，這一切都是不可能食品公司的功勞。

不可能食品公司的人造肉是一種革命性的產品，不僅因為味道吃起來像是真正的肉，而且咬下去的口感也跟肉一樣。植物肉已經迅速成為一種全球現象，因為它滿足了消費者的潛在需求，他們說：「即使是素食主義者也想吃到肉的口感。」

◇《愛的迫降2》的一百萬種故事發展

吃過晚餐後，繪里香想看電視，於是她對著亞馬遜 Echo 說：「Alexa，打開電視。」電視立即開啟了，但上面播放的節目與五年前有很大不同。

原因是人們鮮少有機會按時觀看節目。電視上播放的是《愛的迫降2》，這是五年前在日本大受好評的韓劇的續集。由於 Alexa 知道繪里香喜歡韓流，便播放了網飛（Netflix）的影片。

看完韓劇後，繪里香立即用智慧型手機與朋友聊起了天。

◇「你看的是什麼樣的結局？」

這聽起來是有點奇怪的對話。其實這是因為即使是同一部電影或戲劇，它也會因應不同觀眾播放不一樣的劇情。

網飛使用人工智慧來分析觀眾的目光和臉部表情，然後自動生成合適的影片。網飛現在能夠根據觀眾「當前」的偏好，即時提供情節不同的作品。如果有一百萬名觀眾，就會有一百萬種不同的故事發展。在 2025 年的世界裡，它也是熱門作品。

當繪里香和朋友們大聊不同情節聊得正開心時，電視新聞正在介紹關於特斯拉執行長伊隆·馬斯克（Elon Musk）所推出的新服務。當阿翔經過電視，Alexa 立刻切換成阿翔喜歡的影片。

根據新聞報導，伊隆·馬斯克正在如火如荼地進行新數據處理技術的開發。他說那是一項使用腦波的技術，如果成功開發，將使人們不用說話就能做到內心所想的事情。未來只需思考就能將文字儲存為檔案，或是用想的就叫計程車。

剛剛和朋友聊完天的繪里香正在看 Instagram。她點選了一張模特兒上傳的照片，接著就自動連結到了販賣那款包包的網路商店。於是繪里香使用臉書的虛擬加密貨幣 Libra 買了那個包包。

臉書除了收購 Instagram 以外，也一直在積極收購其他社群網路服務公司。隨著 Libra 支付的普及，使用者人數更進一步突破了 40 億大關。

繪里香對時尚非常感興趣，她製作手工飾品，並將販賣這些飾品作為副業當她創建自己的網路商店時，她選擇了一家名為 BASE 的新創公司所提供的服務。

這是一家提供網路商店開店服務的新創公司，讓像繪里香這樣對資訊技術不是很熟悉的人也能在 30 秒內創建一間網路商店，而且是免費的。繼提供類似服務的 Shopify 在美國迅速發展之後，BASE 在日本也急速成長。

繪里香還有投資股票。但她既不去證券公司，也不會坐在電腦螢幕前盯著股價走勢。她用的只有智慧型手機。此外，她也像在玩遊戲般地享受投資的樂趣。這要歸功於美國新創公司 Robinhood（羅賓漢）開發的應用程式和服務。Robinhood 透過主打「零交易手續費」，將投資文化擴展到了沒有多少資產的初學者上。「零手續費」在過去的證券業界是不可能發生的事，Robinhood 創造了一個「每個人都可以進行投資」的世界。

　　繪里香從副業和投資中賺到的錢被用來支付兒子翔平的私立小學學費。Robinhood 有著優異的個人化推薦功能，最近繪里香被推薦投資一家剛成立的新創公司，並投資了 3 萬日圓。繪里香期待這筆投資能為她帶來意想不到的收穫。

　　由於新冠病毒的影響，人們外出的機會大幅減少，城市中運行的汽車和火車的數量也就跟著減少。因此在 2025 年的世界中，全球環境將有大幅度的改善。不僅大氣和河流得到了淨化，臭氧層破洞擴大的速度也趨於減緩。

　　病毒一方面持續折磨人類，另一方面卻對地球的淨化做出貢獻。這樣諷刺的情形也發生在未來的世界裡。

◇「紐約金融機構X哈佛大學理學院碩士X 前Google員工X風險投資家」的未來預測

　　你覺得如何呢？這是我對 2025 年的未來預測之一。儘管裡面有許多還在假設階段，實際上要實現可能還要等上幾十年；但這本書是一本未來預測書，透過分析對 2025 年的世界有著巨大影響力的，世界上最先進的 11 家公司，來解讀 5 年後的未來。

本書概念

第一部：2025年將會是什麼樣子？

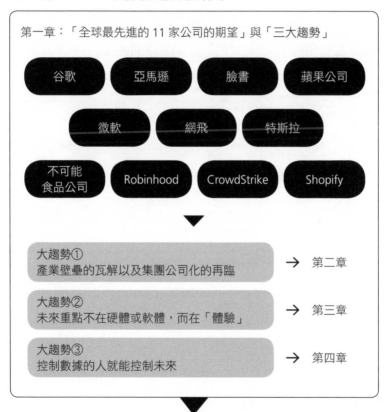

第一章：「全球最先進的 11 家公司的期望」與「三大趨勢」

谷歌　亞馬遜　臉書　蘋果公司

微軟　網飛　特斯拉

不可能食品公司　Robinhood　CrowdStrike　Shopify

大趨勢①
產業壁壘的瓦解以及集團公司化的再臨　→　第二章

大趨勢②
未來重點不在硬體或軟體，而在「體驗」　→　第三章

大趨勢③
控制數據的人就能控制未來　→　第四章

第二部：在2025年也能生存下去的處方箋

未來五年內將消失或崛起的「公司」　→　第一章

未來五年內將消失或崛起的「工作」　→　第二章

而這 11 家公司都有出現在前面的未來預測中。

本書分為兩大部分。在第一部分，我描繪了 2025 年將會是什麼樣子，這 11 家公司抱有何種期望，以及他們未來是如何行動的。然後我還將深入介紹將由此而生的社會大趨勢（megatrend），以及五年後即將實現的未來。

繼第一部分之後，第二部分將會深入探討，企業和商務人士該如何在五年後的世界中生存下去。當你讀完這本書後，將會了解我對 2025 年的未來設想並不只是空想。

我目前是 DNX Ventures 風險投資（venture capital，縮寫為 VC）公司的工業合夥人（industrial partner），這是一家在矽谷和東京皆設有辦事處的風險投資公司。DNX Ventures 成立於 2011 年，主要投資對象為早期階段（Early Stage）的 BtoB 新創公司。自 2011 年成立以來，敝公司已向日本和美國的 80 多家公司投資超過 250 億日圓。

我們還支援所謂的開放式創新（Open Innovation），以及日本大型企業與矽谷創投公司間的合作，在這個領域已達成 100 件以上的合作案。

　　我還在母校京都大學、哈佛大學，及早稻田大學商學院等學校擔任研究員和特聘副教授。

　　雖然我專門研究「金融科技」和「人工智慧」，但我與同一領域的風險投資家有很大的差別。我除了投資領域以外，也具有經濟和科技方面的知識。

　　我的職業生涯開始於京都大學，我在那裡學習科學。從京都大學畢業後，我進入了東京大學研究所，我在那邊不僅學習工程學，還學到了包括環境和經濟學的人文科學領域相關知識。畢業後我在銀行工作，獲得了金融和商業方面的知識。

　　我還到紐西蘭留學，在留學期間對環境問題產生了興趣，並在一個為消除結核病、愛滋病和瘧疾等疾病而成立的全球性國際組織實習。

　　當時，我認為能夠改變世界的是政府和國際組織，而不是私人公司。然而發生了某件事，改變了我的想法。那就是 311 東日本大地震。

　　海嘯過後，這個城市到處都是殘骸，許多街道也無法通行。谷歌是第一批採取行動改善這種情況的公司之一。透過谷歌地圖與民間的合作，該公司迅速創建了一個搜尋可通行道路的系

統，並提供給當地居民。

尋找失蹤人員的工作也不再用老式的做法，如在避難中心貼尋人啟事；隨著可以用電腦進行搜尋，尋找失蹤人員也變得更加容易。

有了科技，即使是民間企業也能改變社會。我感到非常震驚，因此決定加入谷歌。

在谷歌，我擔任產業分析師（industry analyst），不僅向大企業的總裁和董事介紹谷歌，也介紹世界上最先進的科技和服務。換句話說，我的工作是向日本的大公司介紹和引進美國的科技，也就是我們今天所說的數位轉型（Digital Transformation，DX）。

我震驚地瞭解到，日本大企業的高層管理人員和董事對科技並不熟悉，尤其是數位科技。他們對數位科技這個詞只有一層模糊的理解，但談到要如何在業務中實際運用？他們幾乎沒有具體的願景。

在谷歌工作期間，我也開始支援新創公司。透過這種方式，我獲得了商業和科技雙方面的知識，並發揮優勢，得到了目前的職位。如果你只專注於科技，你就無法把科技的優勢傳達給

商業夥伴，因為那實在太專業了。另一方面，商業夥伴也無法理解科技的深度內容。

作為一名佈道者，我的任務是將雙方聯繫起來，並盡可能地讓許多創新種子能付諸實行。

◇僅關注GAFA的國家只有日本

當出版社編輯第一次找我談這本書的時候，我有點猶豫不決。我懷疑自己是否真的有資格教導讀者。

但那時有件事讓我掛心了好一段時間。當我閱讀書店書架上由學者、工程師、記者和分析師撰寫的書籍時，我總覺得缺少了某些重點。

「那項事業或科技是否真的能滲透到社會中（並能賺錢）？」

無論一個產品或服務有多創新，如果它沒辦法賺錢，就無法傳播到全世界。作為一個始終牢記這個觀點的風險投資家，

我擔心許多基於表面和顯而易見的分析的未來預測書似乎在玩弄讀者。

當我正在考慮這一點時，剛好接到了出版這本書的提議。「我想提供『真實』的未來預測，做為讓讀者在未來動盪世界的生存指南。」編輯的熱情懇求是我決定出版此書的決定性因素。

事實上，如果你有科技方面的知識，你幾乎可以想像未來預測的萌芽。這是因為能為產業帶來破壞性創新的往往是在科技領域。這些科技新創公司易於軸轉 4（pivot），並有能力超越原本的產業。因此，它們可以在短期內迅速地成長。

GAFA 正是這樣。但在矽谷，即使在這個非常時刻，仍有許多新創公司正追隨著 GAFA 的腳步，一個接一個地創建。GAFA 當然也意識到了這一點，所以他們對可能威脅到他們的公司，試圖盡可能在那些公司壯大前進行收購，以維持 GAFA 的地位。

隨著收購引進的新技術，GAFA 開發了新的事業，變得更加龐大。換句話說，他們一直試圖守住黑白棋的角落，在那邊產業壁壘並不存在。

換句話說，如果你觀察 GAFA 和它周圍新創公司的動向，特別是那些正在創造連 GAFA 都沒有的新技術的公司，你就可

以瞭解未來的趨勢和未來世界的動向。這就是全世界通用的常識。

然而我覺得日本有一種強烈的傾向，那就是關注當前的市值和最近的業績表現。但現在顯示的數字和聲譽只不過是過去的事，是我們在過去所做的事的結果。重要的是該如何在未來繼續擴大規模。以風險投資的觀點來說，這不是 10 倍、20 倍市值的安打，而是 50 倍以上的全壘打等級增長。

本書介紹的 11 家公司，皆是已經或正以 50 倍以上等級成長的公司。它們可以說是對社會和未來有強大影響力的公司。

如果一間公司錯過了時代的潮流，或者在預測未來時犯了錯，那麼無論它有多大，最終都會被淘汰。目前這種現象正在進行中，我在後面的篇章中也會經常提到它。

2025 年，未來將與現在大不相同。這本書介紹展示了企業和商業人士如何在未來生存下去的方法。

如果這本書能幫助企業和商業人士在 5 年後的 2025 年，甚至更遠的未來中也能生存下去，將是筆者的榮幸。

4　軸轉是組織內部針對核心產品企劃上的路線更改，在產品、方向策略與成長引擎上建構全新的假設，使之繼續走在具潛力的發展道路上。（引用自艾瑞克・萊斯所著之《精實創業》）

目錄

前言　這11間公司將決定5年後的未來

第一部
2025 年將會是什麼樣子？

第一章 「全球最先進的11家公司的期望」與「三大趨勢」

第二章　11家公司創造的大趨勢①
產業壁壘的瓦解和集團公司的再臨

第三章 11家公司創造的大趨勢②
未來重點不在硬體或軟體,而在「體驗」

第四章　11家公司創造的大趨勢③
控制數據的人就能控制未來

第二部
在 2025 年也能生存下去的處方箋

第一章　未來五年內將被摧毀或崛起的公司

第二章　五年後，你的工作會變成這樣

2025年將會
是什麼樣子？

「全球最先進的 11家公司的期望」與 「三大趨勢」

谷歌

從搜尋後的世界到「搜尋前」的世界

谷歌接下來將如何改變我們的生活？答案是讓一直以來都是其主要事業的「搜尋」這件事本身成為不必要的事。

如今人們在網路上搜尋他們想要的東西和資訊。但你是否有想過，如果能在搜尋之前就找到想要的東西，那該有多方便？谷歌現在正試圖達到「搜尋前」的世界。

舉個例子來說，假設有個使用者在每周五晚上，都會搜尋關鍵字「餐廳」。而谷歌擁有使用者喜好的數據資料。因此，當使用者在周五晚上打開瀏覽器時，谷歌就會自動為使用者推薦餐廳。

這項服務在技術上已能夠實現，可以說這種服務正是谷歌的使命，即「整理資訊並使其可用」。

除了搜尋之外，谷歌還參與了許多其他不同的事業。其中多數事業已由谷歌透過併購（M&A）進行收購。我們之所以能夠達到「搜尋前」的世界，就是因為這些多種事業的協同效應[5]

（synergy）。

到目前為止，谷歌已經收購了 200 多家公司，投資價值超過 3 兆日圓。谷歌收購的一個顯著特點，是將新創公司包圍後再進行收購。

例如谷歌在 2006 年收購了 YouTube。當時谷歌內部也製作了一個類似 YouTube 的影片服務，但 YouTube 的成長速度實在太快，讓谷歌認為收購 YouTube 才是上策。谷歌收購 YouTube 的總價約為 2000 億日圓。正如谷歌所希望的那樣，後來 YouTube 有了爆發性的成長，並傳播到了全世界。

當初谷歌收購安卓（Android）也帶來了一股巨大的衝擊。谷歌掌握了當時蘋果公司正在開發 iPhone 的情報，當谷歌看到手機市場不斷擴大時，認為如果不這樣做，就會輸給蘋果公司。因此，谷歌開始尋找那些正在開發相關技術和服務的公司，並且加以收購。

第一代 iPhone 是在 2007 年推出的。而谷歌收購安卓系統是在 2005 年，可以看的出來谷歌具有先見之明，而且行動也很迅速。我 2013 年到 2017 年在谷歌工作，也參與了 YouTube 的

5　協同效應又稱加乘性、協助作用、協助效應、協同作用或加成作用、加乘作用，指「一加一大於二」的效應。

相關事業，所以我對谷歌在這個領域的商業敏銳度（business sense）有著第一手的經驗。

在搜尋服務方面，谷歌透過積極收購，超越了當時的市場領導者雅虎（Yahoo!）。儘管谷歌原本落後了約三年的時間，仍成功超越了雅虎。此外，谷歌還收購了廣告投放服務的 Applied Semantics 公司，強化了谷歌 AdWords，並一舉將其擴大；在 AdWords 能夠變現以後，谷歌也提高了在搜尋市場的市占率。

近年來谷歌最引人注目的動向是，他們一直在開發關於雲端運算和人工智慧的技術，同時也在進行更積極的收購，比如 2013 年收購的英國人工智慧開發商 DeepMind。

建立了一個可以從各項事業收集巨量資料的系統後，谷歌的下一步是讓人工智慧讀取這些數據，並提供更符合使用者個人喜好的服務。

另外在人工智慧方面，谷歌也進軍了自動駕駛領域。谷歌創建了一個名為 Waymo 的子公司，並在美國亞利桑那州的鳳凰城持續進行自動駕駛計程車的實驗。

亞馬遜

Alexa，跨足戶外。
整座城市即將淪陷

● Alexa將成為你與城市對話的基幹

「Alexa，今天的天氣怎麼樣？」

這是目前我們在室內使用亞馬遜智慧型助理 Alexa 的方式。
毫無疑問，Alexa 和搭載 Alexa 的智慧音箱 Amazon Echo 將會是
未來的重要關鍵。

2020 年 1 月，亞馬遜在消費電子展[6]（CES）上，發表了透
過 Alexa 支付加油費用的展示 Demo。Alexa 以前只支援室內裝
置，這表示亞馬遜打算超越家庭，進軍整座城市來獲取數據，
從而擴大其事業。

未來如果你去的加油站有搭載 Alexa，只要說：「Alexa，
支付汽油費用」，它就會自動用你在亞馬遜儲存的信用卡支付。
以後像是停車費之類的費用，只需說一聲：「Alexa，支付停車

6　消費電子展（Consumer Electronics Show，簡稱 CES），是全球最大的國際性電子產
　品和科技貿易展覽會。

費用」，也將以同樣的方式自動支付。

在某種意義上，Alexa 將成為我們與城市對話的基幹。這就是亞馬遜所設想的未來。

當 Alexa 成為我們與城市對話的基幹時，會發生什麼事？未來不僅是你的購買和搜尋紀錄，你對 Amazon Echo 說的每一句話，都將作為數據儲存起來。而這些數據將被用於提供服務。Alexa 透過儲存的個人數據資料，如「這個人會購買這樣東西」，未來 Alexa 將能夠推薦最適合顧客的產品，以及顯示個人化的廣告。

例如有個人為了去印度旅行，買了一本旅遊指南書。那 Alexa 就知道這個人很有可能要去印度旅行，然後 Alexa 甚至會在他開口搜尋前就主動提供：「以下是印度最好的航班、酒店和餐館的資料」。

• 創立亞馬遜保險，與傳統企業產生協同效應

這就是亞馬遜如何從零售業走向所有產業。

最近亞馬遜的趨勢是進入金融業，如貸款和保險等。目前

亞馬遜的金融事業僅限於賣家，但最終將擴大到一般大眾。我認為他們未來一定會開發一種根據亞馬遜購買紀錄做出信用分析的服務。

例如，只買賽馬相關雜誌的使用者，未來很可能會有償還貸款的問題。另一方面，如果使用者購買的是儲蓄或安全投資的書，或是使用者經常購物，他們將被評為信用狀況良好的使用者。

在保險業方面，亞馬遜已經開始為自家、摩根大通，及華倫·巴菲特領導的波克夏·海瑟威（Berkshire Hathaway）公司，共三家公司的員工提供服務；並有望在未來向公眾提供這項服務。此外，亞馬遜也已經開始銷售 EchoBand。這是一種可以掌握使用者健康資訊的腕帶，這些資訊預計也將被用於亞馬遜保險中。

我認為亞馬遜保險應該會是醫療保險和財產保險（general insurance）並行。

如果你多運動減少生病的概率，將可以獲得保費折扣，而不是目前醫療保險的統一費率。他們未來將會提供這種新型的醫療保險。財產保險方面，從亞馬遜上購買產品的保險，也是由亞馬遜保險承保。

　　另外還有一家成立於 2015 年，名為 Lemonade 的美國新創公司，從事的也正是這類 AI 保險服務。我認為它是一個基準指標（benchmark）。

　　日本的電子產品零售商也有提供類似的服務，但亞馬遜提供的財產保險是經過精心設計的。這是因為故障頻率因產品和使用者而異，只要將迄今為止的購買紀錄轉化為可利用的數據資料，人工智慧即可提供最佳的保險商品。

• 不可動搖的「客戶至上」

　　縱觀亞馬遜的發展趨勢，該公司在發展事業時沒有動搖其「客戶至上」的理念。亞馬遜開始的起點是一家網路書店，但它很快就將產品範圍擴大，直至今日已經發展成為一個電子商務網站，擁有各種各樣的產品，配得上「什麼都賣」（everything store）的稱號。

　　從 2003 年左右開始，亞馬遜建立了一個名為 AWS（亞馬遜網路服務，Amazon Web Services）的雲端計算系統。這時，微軟的 Azure 和谷歌的 GCP（谷歌雲端平臺，Google Cloud Platform）尚未普及，日本也還沒有雲端的概念。

　　亞馬遜正是以客戶至上的角度來建立雲端。因為他們希望網站的處理速度能更快、更準確，而這就是為什麼 AWS 現在能在雲端服務市場擁有最高市占率的原因。但在一開始，它僅是一個以客戶為中心設計的內部系統。然而，這種雲端服務也促成了 Alexa 的發展。

　　與單純識別文本和圖像的人工智慧不同，要用智慧音箱來理解人類語音的技術門檻更高，因為它需要兩個過程的合作。

　　第一個過程是將人的聲音波形轉換為文本。接著需經自然語言處理（Natural Language Processing，NLP），也就是理解文本內容的過程。雲端是亞馬遜 Echo 能夠執行這些龐大數據處理演算的重要資產。

　　　除了雲端，亞馬遜還領先競爭對手推出了智慧音箱。亞馬遜不僅是一家具有前瞻性的公司，也是一家不怕失敗的公司。亞馬遜推出新產品的態度是，哪怕 10 個產品中只有半數成功，那也是好事。不幸的是，如果是銷售不佳的產品，亞馬遜也很快就會退出市場。亞馬遜曾在美國推出一款獨特的手機，名為「Fire Phone[7]」。但它的銷售並不理想，大約一年後即以失敗告終。順帶一提，這隻手機在日本幾乎沒有成為討論話題。

　　針對亞馬遜與日本同類型競爭對手的區別，我想做點補充。亞馬遜不僅是一個大型電子商務平臺，也是一家先進的科技公司，科技技術的廣度和數量與日本企業有很大的不同。

　　在位於西雅圖和矽谷帕羅奧圖（Palo Alto）的亞馬遜大型辦公室裡，聚集了為數眾多的年輕研究人員，每天都在研究和開發各種技術，例如雲端計算、人工智慧和自然語言處理。

　　另一方面，在日本從事類似業務的公司的研究開發（Research and Design，R&D）所比起亞馬遜來要小得多。只要實際看過這兩間研究所，便可以輕易發現這一事實。

● 亞馬遜Dash按鈕是亞馬遜願景的體現

　　亞馬遜能夠成長為一家科技公司，有部分應該要歸功於其創始人傑夫·貝佐斯（Jeff Bezos）的經歷。貝佐斯原本是一名工程師，自然會寫程式（原始碼，source code）。另一方面，作為管理者，他也有著明確的願景，如「客戶至上」和「什麼都賣」。正因他是一名工程師，所以他也瞭解該如何執行已達成這些願景。因此，他建立了一間氣派的研發中心，並積極招募優秀的工程師。

當從客戶至上的角度看亞馬遜時，你會注意到某個特徵。該公司特別注重速度，包括營運。許多電商網站重視的是產品的數量，或重視實體店的娛樂價值。

但亞馬遜跟別人截然不同。他們重視的是如何讓使用者有快速、高效率和無壓力的購物體驗，以及如何將商品快速送到使用者手上。這就是為什麼亞馬遜要確保網站方便使用。另外亞馬遜也一直在不斷更新倉庫的分揀及裝箱流程，希望能以最快的速度出貨。

靠著這些努力，如今亞馬遜能夠提供如亞馬遜 Prime（Amazon Prime）等服務，使客戶在下單後的第二天就能收到商品。比如亞馬遜的 Dash 按鈕（Dash Button），讓客戶只需按按鈕就能購買洗滌劑等消費品。雖然 Dash 按鈕目前已經停止販售，但這就是為了體現亞馬遜願景的一種嘗試。

搜尋引擎的世界中也可以看到類似的情況，像雅虎和谷歌。雅虎希望人們在他們網站上停留的時間越長越好，所以他們把大量的資訊放在首頁，並顯示大量的廣告。

另一方面，谷歌和亞馬遜一樣，希望你能在最短的時間內

7　亞馬遜旗下首款智慧型手機，於 2014 年上市。

獲得想知道的資訊。這就是為什麼谷歌的首頁出奇地簡單，而且根本沒有廣告。

像是亞馬遜 Echo 這種介面（interface）和亞馬遜保險（貸款，loan），亞馬遜值得關注的趨勢不僅只有這兩個，還有更多的趨勢正在發展中，包括宅配用無人機和自動送貨車。

臉書

可以與兩萬公里遠的人面對面對話的世界

自從馬克・祖克柏（Mark Zuckerberg）在就讀哈佛大學時創立臉書以來，公司的願景一直保持不變。這個願景就是「一直關注在人與人之間的聯繫」。臉書也將繼續創造一個可以與世界另一端的人聯繫的世界。

作為證明，臉書在 2019 年宣佈了一項名為 Horizon（地平線）的服務。

Horizon 允許人們透過的另一個自我，即「化身」，在網路的虛擬空間中與其他參與者互動。

雖然最近臉書的重點放在人與人之間的聯繫，但未來生活的所有基礎都將是在臉書上。他們的目標是成為一個所謂的超級應用程式（APP）。

從臉書密切關注中國的超級應用程式企業、東南亞版 Uber 的「Grab」，及騰訊（Tencent）所開發的中國版 LINE「微信」

（WeChat），就可以看出這點。

　　而在臉書願景之上的是，希望未來能讓沒有銀行帳戶的人之間能夠互相轉移資金。換句話說，這也是一種基於創造聯繫的想法。

　　由於新冠疫情的影響以及政府、銀行等既得利益者的反對，臉書的虛擬加幣貨幣 Libra 目前正處於停滯狀態，但我們將密切關注它的進展。

　　臉書和谷歌一樣，雖然不是社群網路服務（Social Networking Services，SNS）的先驅，但透過積極收購，實現了大幅增長。這點從執行長祖克柏對新竄起的社群服務非常警戒就可以看的出來。因為他明白，社群網路服務是一個充滿不確定性的產業。這個產業非常容易發生顛覆市場規則的巨大變化（game change）。例如在日本，Mixi 和 GREE 就是這樣。

　　人們有著喜歡同質化的習性。特別是年輕人，他們多半不喜歡那些比較久以前的社交網站，因為那裡往往有很多老一輩的人。結果，Mixi 和 GREE 的使用者就被 LINE 和臉書搶走了。

　　同樣的現象也發生在美國。臉書使用者的年齡層正逐漸中

年化。結果,年輕人開始將臉書視為一個「已退流行」的社交網站,老一輩才會在那裡發表長篇大論。故年輕人的目光開始轉向新的社交軟體,如 Snapchat、Instagram(IG)和抖音(TikTok)。

祖克柏為了吸引及保住年輕族群,在 2012 年時以大約 810 億日圓的價格收購了 Instagram。當時 Instagram 僅有 13 名員工,在日本幾乎沒有使用者使用;這可以看出他的行動有多麼地迅速。而就之後的使用者人數成長來看,這對臉書來說是一次重要的併購。

此後,臉書持續進行收購,最近專注於 Messenger 功能。2014 年時,臉書以約 2 兆日圓的價格收購了歐洲最大的通訊應用程式 WhatsApp,這是臉書成立以來的最高收購金額。

WhatsApp 是一個跟 LINE 很像的即時通訊應用程式。雖然日本使用者很少,但它在沒有 LINE 的美國和歐洲可說是標準配備。而且 WhatsApp 在英語系國家有超過 10 億使用者,臉書的目的就是吸引這些使用者。

因為我平常住在美國,對我來說使用 WhatsApp 是一件稀鬆平常的事。WhatsApp 在某些功能上與臉書的 Messenger 很相

似，但沒有臉書帳戶的人也能使用 WhatsApp。由於 WhatsApp 的使用者人數最多，當我想用聊天室（group chat）聊天時，WhatsApp 也是我的首選。

臉書透過多次的收購來吸引新的使用者，目前臉書的全球使用者人數已經增長到了 26 億。但臉書未來仍將繼續進一步發展更多服務，手段包含收購其他公司，來實現其願景。

其中一個例子是臉書的「秘密配對」（Secret Crush）功能。這是一項可以將那些不認識但似乎很匹配的人聯繫起來的功能，也就是尋找未來的戀人。令人驚訝的是，即使臉書已成為一家大公司，仍然推出了許多富含實驗性質的服務，並關閉了那些似乎不太成功的服務，將該公司「完成比完美更重要」（Done is better than perfect）的精神一直延續了下來。

蘋果公司

從視覺、聽覺到嗅覺，佔據了人類的所有五種感官

• 一切都是為了讓你使用iPhone

雖然日本尚未正式發行，但蘋果公司已經在 2019 年 3 月，宣佈在美國推出信用卡「Apple Card」，並進軍金融事業。

由於 Apple Card 是與萬事達卡（Mastercard）合作發行的，當然可以當作信用卡使用。除此之外，Apple Card 還有許多獨特的服務和便利功能。我也馬上嘗試使用了 Apple Card，真的非常方便。我認為 Apple Card 擁有龐大的擴張潛力。

第一個便利功能是與 Apple Pay 的結合。一般情況下，當你使用 Apple Pay 付款時，可以獲得 1% 的折扣。但如果你透過 iPhone 內置的晶片，使用 Apple Card 付款，折扣會是 2%。此外，如果是用 Apple Card 來支付那些與蘋果公司合作的公司費用，例如 Uber 車資，將可享 3% 的折扣。如果你刷 Apple Card 來購買蘋果公司產品，也同樣會得到 3% 的折扣。

Apple Card 還可以與 iPhone 應用程式 Apple 錢包（Wallet）

一起使用。Apple Card 的使用記錄也會被自動整合進 Apple 錢包，無需使用其他的會計應用程式。Apple 錢包與大多數會計應用程式不同之處在於，Apple 錢包會根據用途自動上色。例如伙食費或交通費，因此你的錢花在了什麼地方都一目瞭然。

在設計方面，蘋果公司一向表現出色。這張卡與普通信用卡不同，很簡約、時尚。而且上面沒有卡號，材質用的是鈦金屬，給人一種高級感。更令我驚訝的是，信用卡公司在 logo 上也配合了蘋果公司的設計。

在金融業務方面，蘋果公司與高盛集團（The Goldman Sachs Group）正在進行合作。高盛不僅是此領域的專家，並且希望能夠擴大市佔率。高盛對趨勢很敏感，最近正承包欲進入金融服務市場的科技公司業務，並在背後默默地支撐這些公司。

蘋果公司給人的印象是一家專做硬體裝置的公司，為何會想進入金融服務領域呢？當你試圖去了解蘋果公司的未來戰略時，原因就會非常清楚。

蘋果公司最初是一家開發個人電腦的硬體公司，然而隨著 iPhone 的登場，蘋果公司現在已經完全是以 iPhone 為中心。事

實上，蘋果公司目前一半以上的利潤都與 iPhone 有關。

隨著 iPhone 的推出，蘋果公司市值一度超過了 200 兆日圓。然而，由於 OPPO 和華為（HUAWEI）等中國企業的崛起，蘋果公司的增長正在趨緩。他們以約 iPhone 一半的價格銷售高性能智慧型手機，而中國的使用者正在從 iPhone 轉向那些中國企業。

這時，就輪到 Apple Card 登場了。Apple Card 是一個可以留住使用者的工具，維持蘋果公司一貫的獨特風格，既簡約又時尚。這種品牌效應，即設計力，正是蘋果公司的強項之一。接下來雖然只是我的猜測，但我認為當蘋果公司開發新產品時，會讓使用者感受到它不僅是一個裝置，而是一個你可以擁有並用來豐富你生活的產品。我覺得蘋果公司在研發產品時仍然維持這個願景。

● Apple Silicon 晶片的誕生

蘋果公司最近一直致力於與五種感官有關的裝置。「AirPods」無線耳機是為你的耳朵準備的，而將於 2021 年宣佈的「Apple Glass」擴增實境（Augmented Reality，AR）眼鏡是

為你的眼睛準備的。如果遵循這一走向，那麼未來出現與嗅覺有關的裝置並不令人驚訝。

在裝置研發方面，蘋果公司在蘋果公司 2020 全球開發者大會 [8]（WWDC）活動上宣佈，蘋果公司將在未來三年內，從原本向外部採購半導體等零件轉向內部製造。

轉向內部製造，特別是半導體，也是最近的一個趨勢。如谷歌開發了一種名為「TPU」（張量處理單元，Tensor Processing Unit）的原創晶片，以提高人工智慧的準確性。而半導體巨頭輝達（NVIDIA）也在著手開發自己的晶片，準備用於自動駕駛。

即使蘋果公司開始內部製造，但這並不代表所有零件都要由他們自己製造。與過去一樣，iPhone 內部仍會是日本製，蘋果公司也將繼續與外部公司合作。然而，由於 Apple Silicon 晶片（半導體）將成為不可或缺的零件，蘋果公司未來很有可能轉而向其他公司提供 Apple Silicon 晶片，合作業務也將成為可能選項。

從蘋果公司的其他動向中，也可以看出他們意圖讓消費者使用 iPhone 的策略。未來蘋果公司將推出訂閱制組合方案

「Apple One」，透過 Apple Watch 提供健身、睡眠分析等應用程式與服務。這也是在蘋果公司全球開發者大會和秋季發表會上宣佈的一項新服務。

由於新冠病毒的影響，醫療保健領域是現今的當紅趨勢，這可能是蘋果公司關注這塊領域的原因之一。

然而與谷歌及其他公司相比，蘋果公司在雲端計算和人工智慧領域並不具備相對優勢。如果此狀況持續，谷歌和亞馬遜將大幅領先蘋果公司；所以蘋果公司的對策是在 iPhone 仍有大量利潤之時採取行動。

iPhone 使用者的獲利力超過 50%，如果新推出的服務能讓使用者增加，對蘋果公司來說就能賺取足夠的利潤。然後他們希望逐漸轉型為一家服務公司（service company），我認為這就是蘋果公司所追求的戰略。

蘋果公司推出智慧音箱這件事就證明了此一戰略。目前除了音質以外，蘋果公司的智慧音箱完全比不上亞馬遜和谷歌的產品。但蘋果公司希望最終也能在這個領域贏得使用者的青睞。

8　Apple Worldwide Developers Conference，簡稱 WWDC，是蘋果公司每年定期在美國加州舉辦的活動，向全球的軟體設計師展示蘋果公司最新的軟體及技術。

　　「Apple TV+」的串流媒體 OTT 隨選訂閱服務就是此戰略的另一個例子。

　　現今許多正在興起的公司都是軟體公司。我認為有很多硬體工程師會為此感到不舒服，因為他們無法做公司的領頭羊。

　　但當那些硬體工程師到了蘋果公司時，會被當作神一樣對待。雖然蘋果公司是一家服務公司，但他們仍為自己是一家硬體公司感到自豪。這正是蘋果公司的優勢之一。

網飛

提供符合 2 億多人喜好的影片

● 電影和影集即時改變劇情的時代

網飛（Netflix）將在未來五年內加強個人化推薦系統。網飛已經花了一段時間在開發系統上，希望能夠向每個觀眾提供符合他們的屬性和偏好的影片。

網飛比其他串流影音服務更受到青睞的原因，不僅是因為豐富的影片內容和原創節目，同時還因為他們對影片的傳輸方式非常講究。他們擁有數以萬計的影片，而且不需要自己去找，優化過後的演算法會自動推薦給你。

如果你是網飛的使用者應該會知道，每個人的首頁畫面都是不一樣的。這是因為網飛就像一個侍酒師，他們會根據使用者的年齡、喜好、過去的觀看紀錄和現在正在觀看的節目，推薦給每個使用者不同的節目。

影片大綱的內容說明和音訊也都是網飛針對每個使用者所做出的最佳設定。亞馬遜的 Amazon Prime Video（亞馬遜 Prime

影音）雖然也有類似的個人化推薦功能，但跟網飛精心設計過的複雜推薦功能根本不能比。

在 2025 年的未來，這種優化將更加先進。使用者觀看過程中的倒帶和暫停的行為也將被轉化為數據，透過人工智慧分析圖像，確定哪些場景獲得觀眾最佳的反應，例如哪些演員的戲份是最受歡迎的。

網飛未來更進一步發展以後，有可能向每個觀眾提供不同的情節與結局。

原理如下：基礎影片跟以前一樣，是由演員進行拍攝的。至於觀看影片的觀眾的表情反應將透過攝影鏡頭、音訊和其他偵測器進行收集和分析。

哪些場景會讓觀眾哭，哪些場景會讓觀眾笑；反之，哪些場景會讓觀眾顯得很無聊？用人工智慧分析觀眾的喜怒哀樂和臉部表情，並提供最能打動他們的故事情節。

如此一來，每個觀眾看到的劇情自然會不一樣。所以如果有一百萬個觀眾，就會有一百萬個不同的故事。這樣的未來是可能出現的。

我不清楚人工智慧在科技層面能做到什麼程度，但以目前

的技術來說，用 CG（computer graphics，電腦圖學）再現人類的動作和臉部表情是可行的。而且由於手機將是未來觀看影片的主要裝置，因此畫面也不需要做到非常精細。

如果這樣的未來得以實現，人與人之間的對話和交流也將發生變化。從「你昨天晚上看了 XX 劇嗎？」變成「昨晚的 XX 劇，你看到的結局如何？」故事情節的差異將成為人與人之間溝通的中心。

演員的工作也可能會因此而減少。這是因為演員的工作將是拍攝用來當作 CG 基礎的影片，或是配音。當產生新的劇情時，演員可因此獲得報酬。未來可以想成是類似授權 IP 的形式。

• Amazon Prime和網飛的立場差異

日本有 Amazon Prime Video、Hulu，以及其他串流媒體服務。但在美國，網飛是壓倒性地勝出。對美國人來說，Amazon Prime Video 就只是亞馬遜的 Amazon Prime 其中一個附加功能。

其中有很多原因，但最重要的一點是網飛對影片品質的要求非常高。尤其是他們的原創節目，非常受到觀眾喜愛。

雖然 Amazon Prime Video 也有製作原創節目，但並不像網飛熱門作品《紙牌屋》（*House of Cards*）那樣大受歡迎。至於 Hulu 本來就是做電視節目串流，他們與有線電視業者合作提供服務，與網飛的做法截然不同。

配合使用者喜好製作節目的想法已被徹底應用於各國的影片串流上。網飛不是直接把在美國受歡迎的影片拿來播放，而是與每個國家的電視臺及製作公司合作，了解每個國家觀眾的喜好。先去了解觀眾的喜好，然後才開始製作原創節目。日本的絕佳例子是與富士電視台合作的真人實境秀《雙層公寓》（*Terrace House*）。

網飛目前的市值約為 20 兆日圓，與迪士尼幾乎相同。不過迪士尼的市值還包含了迪士尼樂園等收入，所以可以看得出網飛是多麼厲害。

目前網飛仍然是一家影片製作公司，並將持續以徹底「使用者至上」的理念來製作影片。但網飛接下來該從何處著手呢？是否該像迪士尼那樣進入娛樂領域？ 或者是參與到角色經濟[9]（character business）中？

　　迪士尼以主題樂園起家，然後轉入動畫領域。網飛未來會如何與迪士尼競爭，是我關注的焦點。

　　網飛還有另一點讓我很感興趣，那就是要如何透過 5G 活用數據資料。網飛使用數據已經有一段時間了，但今後要處理的數據量將非常龐大。這會帶來什麼樣的結果，網飛又會帶給我們什麼樣的影片呢？

　　網飛未來將在日本有更大的影響力，此趨勢已現端倪。原因是出在年輕人多用智慧型手機看影片而不是電視。

　　迅速抓住 5G 趨勢的日本公司是 KDDI[10]，它是第一家與網飛接觸的公司，宣佈提供在 au[11] 上觀看網飛節目的封包定額服務。

9　將動漫、吉祥物等角色作為品牌經營，其中形成的廣大經濟效應就稱為角色經濟。舉例來說，較知名例子有米奇、史努比、凱蒂貓、皮卡丘和哆啦 A 夢等等。
10 日本的大型電信公司，台灣子公司名為台灣凱訊電信。
11 日本的行動電話服務品牌，主要由 KDDI 經營。

微軟

智慧城市作業系統的勝者

以微軟 365 為代表，微軟長期統治著 BtoB 和企業的事業。而他們做生意的方式在未來也不會改變。這是因為像亞馬遜和谷歌這樣的競爭對手正專注於 BtoC 服務上。

我們要關注的是，微軟試圖拿下城市作業系統（Operating System，OS）。

現今雲端化已經成為民間企業的標準裝備。而國家和地方政府也以此為目標，將以前建立在自家裝置上的系統，朝向雲端化發展。事實上，日本政府已經決定由亞馬遜負責一部份的系統。今年秋天，我們也將看到日本政府實施更多走向雲端系統的舉措，包括建立數位廳預備辦公室。

在公共部門系統的訂單方面，亞馬遜和微軟之間存在著競爭關係。日本政府系統由亞馬遜獲勝，然而美國政府（美國國防部）的雲端系統，雖然亞馬遜起初占了上風，但最後還是微軟靠競標贏得了訂單。

據說背後原因是川普總統和亞馬遜執行長貝佐斯關係不睦。但接到政府核心系統的訂單不僅總金額也是一筆驚人數字，更會帶來巨大的衝擊。而微軟的下一個目標是日本市場，即使他們的競爭對手已經搶先一步進入了這個市場。

雲端系統的訂單不僅限於作業系統（OS），還包括運行系統所需的各種應用程式（APP），這使得雲端系統成為一筆龐大生意（big business）。雲端系統與所謂的「智慧城市」高度相關，而微軟正虎視眈眈地試圖成為智慧城市作業系統的勝者。

競爭者其實不僅只有亞馬遜與微軟，還有最初負責這些政府系統的日本科技公司也在幕後上演激烈的攻防戰。不幸的是，我認為在雲端計算或人工智慧方面不強的日本科技公司不太可能贏得訂單，並且大幅加強其競爭力。

雖然微軟最近的業績亮眼，但微軟也曾一度陷入衰退。這是由於微軟的第二任執行長史蒂芬·巴爾默（Steve Ballmer）誤判了趨勢。巴爾默是微軟創始人比爾·蓋茲讀哈佛大學時的同學，但他擅長的是商業不是科技，所以他無法預測科技的未來。

巴爾默犯了兩個重大錯誤。第一是堅持讓消費者以套裝方

式購買 Office 的商業模式。與此同時，微軟的其他競爭對手，如谷歌的 Google 文件（Docs）以及 OpenOffice，則利用雲端計算提供免費服務。

另外微軟在支援手機等行動裝置上，也慢了對手好幾拍。起初巴爾默堅持「我們永遠不會將微軟的應用程式放在 iPhone 或 Android 裝置上。它們只能在個人電腦上操作。」這就是他的立場。然而，世界潮流已經完全轉向行動裝置。隨著雲端計算的興起，在電腦和行動裝置之間共用帳戶和檔案已成為常態。

微軟後來也急忙發表搭載 Windows 的手機，但為時已晚，使用者已經離開了微軟。

將微軟從這樣的困境中拯救出來的是現任執行長薩蒂亞・納德拉（Satya Nadella）。納德拉修改了巴爾默的政策，不再堅持「BtoB 事業王者」的頭銜；而是將公司重點轉向提供開放裝置或軟體給行動裝置、電腦、法人和終端使用者（end user）上。

納德拉最具代表性的創新手段是引入訂閱（subscription）服務。過去以每套約 10 萬日圓出售的軟體，轉為每年約 1 萬日圓的合約。消費者支付的總金額與過去沒有太大區別，但可以使用配備最新功能的軟體，所以受到消費者的支持。

微軟逐漸贏得了公眾的信任，股價也增長為原本的 10 倍。微軟的業績恢復到了市值 100 兆日幣以上的水準。

微軟從壟斷帝國到開放創新的轉變也可以從其他地方看出來。例如微軟獨自開發了遊戲主機「Xbox」，但也收購了《當個創世神》（Minecraft，俗稱麥塊）和《異塵餘生》（Fallout）等人氣遊戲製作公司。微軟並在最近幾年與索尼建立了合作關係。另外微軟還研發了名為「Surface」的原創個人電腦。還有像是在本書一開始的近未來小說中登場的 HoloLens 也是由微軟所開發，9 月份他們還將發佈一款搭載安卓系統的雙螢幕智慧型手機。

只要辦得到的都想嘗試。這種管理方式可說與亞馬遜很類似，他們以電子商務服務為基礎，但也想提供軟體服務。

我認為微軟擁有的軟體是有價值的。這些有價值的軟體未來將普及到包含手機等的各種裝置上，並使我們的生活更加便利。微軟不被過去的成功經驗所束縛，在否定自己的同時持續追求便利的未來。這能對日本的企業帶來很大的啟發。

特斯拉

用時速 1000 公里的超級高鐵連接東京與大阪 !?

• 速度是火車的兩倍，票價比火車便宜40%的自動駕駛計程車逐漸普及

特斯拉執行長伊隆·馬斯克令人注目的下一步行動是超級高鐵（hyperloop，又稱超迴路列車）構想。特斯拉有一個用新幹線列車取代加州慢速火車的專案，不過既然要改，就乾脆改成更快的超級高鐵。

令人驚訝的是超級高鐵的速度，幾乎是目前列車最高時速 500 公里的兩倍。特斯拉正試圖使超級高鐵達到時速 1000 公里，幾近與飛機相同的速度。

超級高鐵高速的秘密在於隧道結構。它的與傳統隧道不同，就像一個真空管，可以減少空氣阻力，提高速度。

目前特斯拉已經開始試運行。

如果超級高鐵未來設置在被認為是日本搖錢樹路線的東京－大阪路線上，日本的鐵路公司將遭受重大打擊。

除了超級高鐵之外，鐵路的未來也將發生巨大的變化。

這是因為我在前言中提到的自動駕駛計程車，在不久的將來也將變得很普遍。 一旦自動駕駛計程車普及，對鐵路的需求將急劇下降。稍微思考一下就會知道這很自然。從浦安到六本木的距離，坐火車大約需要 45 分鐘，車資是 350 日圓。但若搭乘自動駕駛計程車，只需 25 分鐘，車資為 210 日圓。不用特地跑車站，費用也更便宜。而且它是點對點接送，可以自動載你到任何想去的地方。只要自動駕駛車道沒有塞車，自動駕駛計程車絕對比火車更方便。

• 特斯拉不僅是一家銷售電動車的公司

特斯拉是一家銷售電動車的公司。

雖然很多人對特斯拉的印象是一家銷售電動車的公司，但這嚴格來說並不準確。這是因為電動車對特斯拉來說只是一種手段。更準確地說，特斯拉執行長馬斯克的使命是解決環境問題，例如能源問題、解決空氣污染和防止全球暖化等等。

特斯拉的基本思維與其他從商業角度銷售電動車的汽車製造商不同，一般的汽車製造商認為「電動車是世界趨勢，所以我們也應該賣電動車。」

事實上，特斯拉為了實現願景，也正在推行其他事業。最近特斯拉一直專注於家用蓄電系統「Powerwall」事業。特斯拉在日本將於 2020 年開始，以訂閱方式提供太陽能板的安裝和充電等服務。每月的月費為 5000 日圓，不收月費以外的額外設置等費用。Powerwall 每個月平均可生產約 6000 日圓的電力，這意味著使用者每月可省下 1000 日圓。

特斯拉希望自家電動車能使用 Powerwall 充電，以解決能源問題。特斯拉是本著此想法開始經營 Powerwall 事業。

特斯拉也試圖解決塞車時出現的二氧化碳和能源耗損（energy loss）問題。那就是在地底下挖隧道，以解決交通擁堵問題。這是只有馬斯克想得出的獨特解決方法。

馬斯克會想出這個方法，可能是由於他居住的洛杉磯是一個特別擁擠的區域。此計畫已在進行中，一條連接洛杉磯和其他地點的隧道已接近完成。隧道已經做好讓汽車通行的準備，駕駛人只須搭乘類似電梯的裝置，就可以從地面降到地底下；

接著不需做什麼特別的事情，車子將自動快速地移動到目的地。

由於有了這條隧道，原本車程需要 1 小時的地方，現在只需 10 分鐘即可抵達。這將大大減少能源耗損。這間公司名為「無聊公司」（The Boring Company）。如果你有興趣，可以上 YouTube 觀看一輛特斯拉實際通過該隧道的影片。

• 特斯拉的優勢在於伊隆・馬斯克的存在

特斯拉的優勢在執行長馬斯克身上。因為他是科學和科技方面的專家，他清楚知道該雇用什麼樣的工程師來幫助這些事業成功。

有很多曾在美國太空總署（NASA）和其他國家機關工作過的超優秀人才正陸續加入馬斯克的麾下。而對於那些有能力和膽識的人，無論年齡大小，馬斯克都會給予他們適當的職位。實際上，特斯拉目前的財務長（Chief Financial Officer，CFO）就是個 35 歲的年輕人。

特斯拉的另一個特點是，以由上而下（top-down）的方式管理事業，就像軟銀（SoftBank）集團的孫正義一樣。

馬斯克並不是特斯拉最初的創辦人，他被邀請加入特斯拉是因為 PayPal 金融服務的利潤以及他的管理技能。

在硬體事業中，從規劃、製造產品到實際銷售、現金進賬需要一段很長的時間，因此資金往往是短缺的。而他透過 PayPal 賺取的 100 億日圓正在逐漸耗盡。

因此馬斯克決定打造自動化工廠，並在現有要價 1000 萬日圓的車款以外，新增 500 萬日圓的車款。這是一個賺取現金的策略。然而，工廠的自動化過程並不順利。但馬斯克並沒有放棄，他甚至不惜直接住在工廠，成功地用人力打造出了新車款。隨著 Model 3 的完成，特斯拉開始快速成長。

從馬斯克的動向來看，與其說他是以客戶為導向，不如說他有著自己的願景和原則。馬斯克活用自身培育的科學，並不惜一切代價要實現這些目標。我可以感受到馬斯克懷抱的強烈信念。

他認為地球的人口太多，所以人類要搬到火星。為了要做到這一點，火箭是必須的。因此馬斯克創立了 SpaceX（太空探索技術公司，Space Exploration Technologies Corp.）公司。SpaceX 的火箭當然也配備了與特斯拉相同的自動駕駛技術。

• 最佳的車款

我也有一輛特斯拉，型號就是之前提到的 Model 3。而這款 Model 3 現在正爆賣中。

Model 3 銷售成績好有數個原因，但我認為原因是這款汽車的概念和宣傳的巧妙。過去的電動車一直強調其環境友善性。特斯拉的電動車當然也具環境友善性，但除了環保以外，特斯拉還追求速度和帥氣感。

實際看過或搭乘過 Model 3 的人就會明白，引人注意的第一件事就是它看起來很酷。外觀設計就像跑車一樣，而且速度很快。特別是在踩下油門加速時，那股爆發力是一般汽車無法比擬的。

Model 3 很酷、速度很快，而且很環保。而且它的價格只需約 500 萬日圓 [12]。因為這些概念，原本駕駛寶馬（BMW）和賓士（Mercedes-Benz）等豪華進口車的的年輕人開始轉向特斯拉的 Model 3。在美國也掀起一股類似豐田普銳斯（Prius）剛上市的風潮。

---

12 日本的輕型車要價約 100~200 萬日圓，緊湊型轎車（compact car，即小型家庭用車）約 150~300 萬日圓，運動型休旅車（Sport Utility Vehicle，SUV）則是約 200~500 萬日圓。

好萊塢名人也從普銳斯轉向特斯拉，這也是讓特斯拉人氣更加水漲船高的因素之一。而這就是為什麼特斯拉不做廣告（我猜這是他們銷售策略的一部分）。目前訂單的交貨期仍要排上數個月之久。

由於特斯拉的交貨時間長，我還另外買了一輛汽油車，所以我非常了解這兩者之間的差別。特斯拉是如此舒適，讓我再也不想搭一般的汽油車了。另外，美國加州也已經下令，從 2035 年起禁止銷售新的汽油車。

特斯拉最方便的是半自動駕駛功能。有些汽油車也有這種功能，但精確度完全不一樣。汽油車的半自動駕駛功能雖說不會駛出車道，但坐起來並不舒服。

另一方面，特斯拉的半自動駕駛就像真人駕駛一樣流暢。不僅只有方向盤，連油門和 車的操作也是如此。如果駕駛特斯拉，可以在上高速公路後設定半自動駕駛，然後它幾乎會接手所有的駕駛工作。直到下高速公路為止，既不需做任何事情，坐起來又舒適。

為什麼這兩者的半自動駕駛功能會如此不同？原因是出在特斯拉和傳統的汽車製造商，從如何開發汽車開始，想法完全

不同。傳統汽車製造商是在原有的車輛上搭載電腦，以提供自動化和其他功能。

特斯拉則是完全相反，他們的想法是在電腦上加裝車輪。由於這種思維，特斯拉在軟體的處理上很出色。駕駛座周圍沒有儀錶，只有一個觸控面板。車上完全沒有無用的裝置，這與蘋果公司的裝置很相似。

谷歌前執行長艾立克·史密特（Eric Schmidt）發表過一個有趣的評論：「汽車和電腦的發明順序是錯誤的。我認為正確解答應該是在電腦上裝車輪。」事實上，正因為特斯拉使用軟體，而非液壓或其他機械系統（mechanical system）來控制 車等，讓特斯拉的行駛更加平穩，

目前日本的道路上，特斯拉的車只占少數。原因不外乎車體龐大、大多是短程駕駛、不了解自動駕駛的魅力等等。但我們將持續關注未來的情況。

不可能食品公司

讓「素食主義者希望吃到肉的口感！」成真

有一家公司在食品業界掀起了革命，它就是不可能食品公司（Impossible Foods）。美國有很多選擇不吃或無法吃肉的素食主義者，許多餐廳都有提供素食。

素食主義者不吃肉的最主要原因是，他們不希望殺害動物。但另一方面，他們也想享受吃肉的口感。這就是為什麼提供與真肉相同質地和味道的替代肉品正受矚目。不可能食品公司就是一家生產這種人造肉的新創公司。

不可能食品公司使用大豆做為原料。如果實際試吃，你會發現它的質地與牛肉差不多。不可能食品公司的人造肉不僅好吃，也比牛肉便宜。在養牛過程中會產生甲烷，這是全球暖化的原因之一；而且人造肉不會產生甲烷氣體，因此它是一種很環保的產品。

人造肉價格低的原因是生產成本比牛肉低得多。從飼養小牛開始，到可以出貨至少需要三年時間。而不可能食品公司的

人造肉是由大豆製成的，因此只要確保原料的大豆，就可以在短時間內由工廠出貨。種植大豆當然也需要時間，但比起養牛的時間要少得多。

不可能食品公司的人造肉沒有添加有害的化學調味品，而且還具有營養價值。這就是為什麼這種替代肉品在美國如此受歡迎的原因。不可能食品公司還有一家名為超越肉類公司（Beyond Meat）的競爭對手，它已經上市，而且市值接近 1 兆日圓。

不可能食品公司也是一家獨角獸公司，市值約為 5000 億日圓，產品備受市場好評。

他們今後的動向應該是開發其他替代肉品。不可能食品公司目前已經在生產「不可能豬肉」（Impossible Pork），並發表了如炸豬排等新產品。我認為這一趨勢仍會持續，接下來會開發「不可能雞肉」（Impossible Chicken）、「不可能鮪魚」（Impossible Tuna）等。

隨著不可能食品公司的發展，肉品業界、畜牧業（牛、豬）以及漁業相關工作者的工作將大受影響。更重要的是，不可能食品公司將對以食品流通業為主的公司產生重大衝擊。換句話

說，不可能食品公司將成為食品產業整體重大革命的起點。

不僅是肉品和魚類，不可能食物也試著開發其他產品，比如葡萄酒和威士忌。 其中我最關注的項目是一家名為 Glyph 的新創公司。葡萄酒和威士忌需要熟成期，熟成時間越長，味道就越濃厚。他們正試圖用科技的力量來解決熟成期的問題。

我已經試喝過了，老實說它目前並不是很好喝。但不可能食品公司剛推出的時候，味道也沒有現在好。

Glyph 和不可能食品公司一樣，在數年後可能會成為在短短 30 分鐘內就能做出猶如 30 年酒齡的威士忌。這可能就是為何日本的三得利（SUNTORY）曾經試圖收購 Glyph。

Robinhood

證券業首創「零交易手續費」，創造一個以投資為常態的世界

● 金融科技業界首屈一指的獨角獸公司，180度改變業界現狀

　　Robinhood 是一家網路券商，由在史丹佛大學攻讀數學的第二代保加利亞移民弗拉基米爾‧特涅夫（Vladimir Tenev）和第二代印度移民拜居‧巴哈特（Baiju Bhatt）於 2013 年設立。使用者可以用與公司同名的應用程式進行投資。

　　Robinhood 被稱為「金融科技業界的獨角獸公司」，該公司的獨特之處在於推出了「零交易手續費」政策，這在當時是相當不尋常的。過去有能力投資股票的只限於擁有一定資產的富人，而 Robinhood 吸引了沒有資產或投資經驗的青少年和不到 30 歲的人參與投資，是業界的一大革新。

　　這項服務的另一個特點是，它讓使用者以玩遊戲的感覺和操作進行交易，類似玩免費的手遊。它雖然是免費的，但在舉行送使用者每人一股特斯拉股票（按當時的匯率計算約為 3 萬

日圓）等活動後，使用者數量爆炸性地成長。

這種革新將 180 度地改變這個產業。美國最大的網路券商嘉信理財（Charles Schwab）感受到了 Robinhood 快速增長的威脅，於 2019 年 10 月宣佈將免除手續費。其他網路券商，如億創證券（E*Trade）、盈透證券（Interactive Broker，IB）和德美利證券（TD Ameritrade，TD），也緊隨其後，實行免手續費政策。

僅僅一家公司的一次創新就改變了整個業界常識，甚至改變了人們的生活。目前美國的年輕世代中掀起了一股熱潮，那就是像在玩遊戲般地使用 Robinhood 增加資產。我認為日本在接下來的五年內也將掀起類似的熱潮。

從前證券交易都是在實體或網路券商進行的。網路交易比面對面的交易來的方便，但在註冊時要填寫和郵寄合約、申請表等等，仍需要耗費大量的時間和精力。

在 Robinhood 則不需要進行這些複雜的手續。使用者不僅可以在智慧型手機上完成所有手續，還可以在服務啟動後，用手機完成實際交易結算。

由於該服務從研發階段開始，就是專門為智慧型手機設計的，故與其他網路券商提供的類似應用程式比起來非常好用。只要實際使用應用程式就能理解，Robinhood 的 UI（使用者介面）是經過精心設計的。不僅操作流暢、容易理解，而且可以像玩遊戲一樣進行投資。

由於它也可以交易加密資產（虛擬貨幣），因此也很受喜愛新事物的人歡迎。而加密資產和其他交易一樣，所有交易都可以用智慧型手機完成。

• 用什麼樣的商業模式來賺取利潤？

除了一些比較細微的服務以外，Robinhood 的服務基本上是免費的。付費會員的數量約佔 10%，Robinhood 也並沒有太多的廣告。那麼他們的利潤是從哪裡來的呢？為什麼使用者能夠免費使用服務呢？

原因出在交易分倉（allocation）。

　　分倉是一個金融術語，意味著分配或分攤。

　　例如我想在 Robinhood 上購買特斯拉的股票。如果是一般券商的話就是在像東京證券交易所一樣的大型市場上購買。然而，使用 Robinhood 的情況並非如此。你想向摩根士丹利（Morgan Stanley）買呢？還是從高盛（Goldman Sachs）購買呢？Robinhood 會向這些券商收取費用，「由於我們向你們購買股票，故需收一筆費用（回扣）」。這就是 Robinhood 的商業模式。

　　由於 Robinhood 有發行簽帳金融卡（Debit Card）的經驗，未來成為一家綜合資產管理公司的可能性很大。尤其像美國人很少使用現金，如果他們在 Robinhood 註冊，不需要開設銀行帳戶即可進行消費。為了擴大這樣的服務，我相信 Robinhood 未來將會收購支付服務公司，或從頭開始創建自己的服務。

　　我認為 Robinhood 很快就會進軍日本，因為目前日本沒有類似的服務。當他們在日本推出這項服務時，我認為這方面的需求也會應運而生，就像美國一樣。這是因為我認為日本主要的證券公司會對推出類似的服務猶豫不決，這意味著他們會跟自己的現有事業競爭。

儘管 WealthNavi 和 THEO 等自動化投資顧問服務（Robo-Advisor）實現了投資管理的自動化，但與 Robinhood 不同，因為他們仍需要收費。我將會密切關注 Robinhood 在日本要如何發展。

CrowdStrike

「全民皆遠端工作社會」的觸發因素

● 邁向一個所有公司都可以遠端辦公的時代

當新冠疫情來臨，政府要求人民自律時，有多少公司能夠讓員工在家裡工作？如果是大公司倒還好，實際情況是有許多公司缺乏 VPN、防毒軟體和其他網路安全功能，員工被迫進辦公室上班。

CrowdStrike 解決了這些所有的網路安全問題。有了 CrowdStrike，任何一間公司都可以安心地讓員工把電腦帶出辦公室。成功的話，「全民皆遠端工作社會」將得以實現。

像是 VPN 和防毒軟體，也就是所謂的防火牆（firewall）。直到現在，在網路上設置防火牆以確保資訊安全，仍是資安業界的普遍常識。

然而隨著遠端工作越來越普遍，連接到網路的裝置也多了

很多。不僅是個人電腦，還有智慧型手機和 IoT 裝置，類似防火牆的資安對策已不再有效。這是由於需要安裝並更新到最新版本的軟體有其限制，而 CrowdStrike 突破了這一點。

CrowdStrike 背後的想法是這樣的：傳統的防毒軟體不是一個安全工具。我們現在的狀況是常時連網，但傳統防毒軟體並非以此種情形做為開發前提。另一方面，現今大多數裝置都與網路、雲端相連，所以 CrowdStrike 想在雲端確保資安。

可以想像成 CrowdStrike 在裝置和使用者連接到雲端時，會不斷檢查裝置和使用者的帳戶。

以前的安全性更新需進行軟體更新，但現在改由在雲端完成。過去分為公司內部、外部的邊界概念也跟著消失了。此外 CrowdStrike 也引進了物理性的資安技術，例如指紋認證。即使目前這種物理性資安技術已經開始普及，他們依舊導入了這項技術。

上述這些技術讓私人的電腦和智慧型手機也能確保安全。這就是自攜電子設備 [13]（Bring Your Own Device，BYOD）的實現。

---

13 公司允許員工使用個人裝置進入工作區域並用以處理公司資訊與應用程式的作業方式。

對員工來說，能夠用自己習慣的裝置工作，將提高員工的工作效率。對公司來說，可以減少提供裝置的成本，也將減少管理裝置所需的時間和精力。

事實上人們早就知道，時常從雲端檢查端點裝置是有效的。然而，當時只有少數公司擁有實現這一目標的技術。也很少有公司願意向公眾提供這一服務，因為他們的客戶在新冠疫情出現之前並不知情。CrowdStrike 的厲害之處在於，他們使這件事成為可能。

我先前說過，任何公司都適用這項技術。原因是在於它採用訂閱制。而它不需要初始投資，每台電腦每月只需 900 日圓。這也是為什麼即使資金不多的中小企業也能引進資安防護的理由。

• 1分鐘內完成病毒檢測，10分鐘內完成調查，60分鐘內完成隔離

CrowdStrike 的創始人是一名工程師，曾擔任知名防毒軟體邁克菲（McAfee）公司的技術長（Chief Technology Officer，CTO）。該公司開發和銷售防毒軟體。他大概是在 McAfee 工作

期間，意識到了傳統資安的侷限，所以決定從頭開始建立一個全新系統。這正是 CrowdStrike 跨越業界障礙的方式。

　　隨著遠端工作的興起，CrowdStrike 開始迅速擴展。在美國，許多使用傳統防毒軟體的人轉而使用 CrowdStrike 的服務；尤其是有很多員工在家遠端工作的公司，都轉向 CrowdStrike。CrowdStrike 已於 2018 年上市，目前的市值約為 3 兆日圓。而由於此次新冠疫情的影響，該公司的價值還在進一步增加。

　　CrowdStrike 也進軍了日本市場，如索尼（SONY）、竹中工務店和萬代南夢宮（BANDAI NAMCO）等大公司都引進了 CrowdStrike。

　　CrowdStrike 也顛覆了原本人們對防毒速度的概念。CrowdStrike 有一個被稱為「1-10-60 規則」的方針，如果使用者使用了該公司的服務，他們可以在短短一天內完成檢測及處置。

　　根據這一方針，CrowdStrike 的服務可以在 1 分鐘內發現病毒，10 分鐘內調查病毒，60 分鐘內隔離病毒。

　　未來的安全趨勢肯定是雲端，而 CrowdStrike 將引領這一趨勢。

　　但資安問題是公司與駭客們的貓抓老鼠遊戲。故連我也無法想像未來會出現什麼樣的新服務，也無從想像 2025 年後的未來會是什麼樣子。

　　然而，CrowdStrike 非常瞭解這個產業的特點，他們目前也正在努力實現雲端資安流程的自動化。換句話說，未來仍有許多困難待我們努力克服。

Shopify

10 兆日圓的新創公司，將顛覆亞馬遜和樂天

Shopify 是在我們風險投資（venture capital）界中最知名的新創公司之一，但在日本卻沒那麼有名。

Shopify 為企業開發和管理電子商務（EC）網站，從網站創建、信用卡支付系統、銷售分析等等。Shopify 負責代為處理企業在網路上開展事業所需的一切，包含需要專業知識的項目。企業方需要準備的頂多只有電腦和圖像。

這種商業模式具有許多競爭對手，但由於 Shopify 具有出色的可用性，包括支援行動裝置等，已經開始迅速成長。該公司成立於加拿大，但現在正向歐洲及美國擴展。而由於近來因新冠疫情外出自律，需求更是進一步增長。

為了呼應 Shopify 的崛起，許多公司正在脫離亞馬遜和樂天等主要電子商務平臺。路易威登（Louis Vuitton，縮寫為LV）、迪士尼（Disney）、耐吉（Nike）、WORKMAN[14] 等過

---

14 日本知名平價機能戶外服裝品牌。

去以亞馬遜和樂天為重心的公司，相繼宣佈「不在亞馬遜上開店」，而是與 Shopify 合作，加強自身的電子商務網站。

目前 Shopify 的市值約為 10 兆日圓。拿日本公司來舉例，本田（HONDA）公司的市值約為 5 兆日圓，Shopify 約為本田的兩倍。Shopify 也開始超越了三菱商事（Mitsubishi Corporation）和軟銀集團（Softbank）的市值。一個成立於 2004 年的新創公司已經成長到如此大的規模。

就 Shopify 最近的發展而言，他們與世界上最大的連鎖超市，也是全球銷售額最高的公司，沃爾瑪（Walmart）建立了合作關係。順帶一提，沃爾瑪的銷售額約為 56 兆日圓，其中大部分仍來自實體店。在我看來，沃爾瑪主導了這次的合作。而這是針對亞馬遜的一種反制措施。

我認為 Shopify 在未來會有更多這種與沃爾瑪合作的政策，而且他們的增長也將會更快速。我非常關注 Shopify 目前 10 兆日圓的市值，未來會增長到何種程度。

像 Shopify 這樣為中小企業提供網路服務支援的生意正在日本擴展開來。而在日本有一家與 Shopify 類似，因服務品質而大受歡迎的公司，就是 BASE 公司。

　　BASE 和 Shopify 一樣，與日本百貨公司合作。而 BASE 也同樣受到新冠疫情的影響而快速增長，目前市值已經超過了 3000 億日圓。我很期待看該公司在 2025 年會與 Shopify 一起發展到什麼程度。

　　我也很關注 Shopify 進軍日本這件事。沃爾瑪是西友[15] 的母公司，所以他們很有可能利用這層關係將勢力擴展到日本。另外值得注意的是，目前負責西友電子商務系統的是樂天。

　　在 2025 年，Shopify 不僅將領導西友的電子商務，也將領導日本的電子商務事業。鑑於他們目前的勢頭，這是很有可能發生的事。

---

15 日本知名大型企業，以經營連鎖超級市場及量販店為主的零售企業。

BATH 在全世界並沒有多少
出場機會

● 中國正在模仿美國並加以改進

　　前面所介紹的 11 家公司，除 Shopify 以外皆為美國公司。
而 Shopify 也以美國為主要市場，可以說幾乎所有將在 2025 年
佔據主導地位的破壞性企業都是美國公司。另外列出了所謂
的 GAFA、FAANG+M[16]，以及在日本還不知名但將成為未來
FAANG+M 的公司。

　　在中國也有類似的企業：百度（Baidu）、阿里巴巴
（Alibaba）、騰訊（Tencent）和華為（Huawei）模仿 GAFA
的稱呼，被稱為 BATH。BATH 中已經有公司的市值超過了
GAFA，所以有些人認為「中國企業將主導未來」。我相信有一
些人是這樣想的，所以我想在這邊一併提出這個觀點。

　　先講結論，總之目前 BATH 很難在海外市場超越 GAFA。
因為 BATH 在技術和商業上都經常複製 GAFA，而中美關係的
緊張將使 BATH 的海外事業更加困難。

　　換句話說，能夠改變世界、顛覆性的技術和事業，幾乎都

是誕生自美國。許多領域皆是如此，包括人工智慧和搜尋功能等等。以目前來說，除了抖音（TikTok）和其他少部分公司外，中國企業還沒有能力發展他們從美國企業那邊抄來的許多技術和商業。

與此同時，美國當然也不斷有新的技術和商業誕生，因此這一差距將很難縮小。 如果說中國有什麼優勢的話，那就是限制和隱私在中國往往不是問題，實證實驗和數據獲取容易，所以可以繼續發展下去。但在海外使用的門檻很高。

為什麼新技術和新商業接二連三地從美國湧現？這是因為土壤和文化發酵的結果。具體來說是教育方面的差異。美國文化接受了來自世界各地的優秀移民，而且美國擁有壓倒性的優異電腦科學（computer science）訓練。

與紙上談兵的理論型數學不同，電腦科學是關於接觸過多少編碼？是否遇過優美的編碼？這種經驗是很重要的。為了磨練這種經驗，除了必要具備良好的英語技能，還要與各種程式設計師交流。在美國，就有這種適合交流的場合。

---

16 FAANG+M 指的是 Facebook 臉書、Apple 蘋果公司、Amazon 亞馬遜、Netflix 網飛、Alphabet 甲骨文（Google 母公司）、Microsoft 微軟。

我認為這必須要感謝美國的環境。美國有許多天才在 18 歲時就獲得了麻省理工學院（MIT）的電腦科學博士學位。而且在美國，有這麼多優秀人才也是件理所當然的事。

當然日本也有一些優秀人才，但與美國那些怪物級的天才相比，還是有相當大的落差。

像以色列和愛沙尼亞等國家也被公認是科技強國。然而，他們並不像美國那樣有很多天才。以色列在資安和密碼學（cryptography）方面的確很強，然而這是有原因的。他們是因為建國以來需要持續重視網路安全，為此才變得精通此道。也因此當涉及到其他技術時，以色列也就沒那麼擅長。這是因為他們沒有那麼多能生出原創想法的天才。

愛沙尼亞也是如此。與以色列一樣，愛沙尼亞為了對抗來自其他國家的干擾，傾力於包含資安在內的資訊技術。他們正致力於表現出身為電子國家的存在感。雖然愛沙尼亞在資安等技術上有著耀眼成績，但也就僅此而已。他們並沒有像美國那樣，新科技一個接一個出現的環境。

• 中文服務無法在海外發展

腾訊的市值已經超過了臉書，達到約 60 兆日圓。在某些人看來，就市值而言，中國企業似乎已經超過了美國企業。然而，讓腾訊的市值有如此增長的原因，是出在於中國擁有 14 億的龐大人口。我想補充的是，這是因為剛好遇到經濟成長。 如果未來經濟成長減緩，腾訊市值數字的成長也會跟著減緩。

當聽到 14 億人時，肯定會覺得這聽起來是一個巨大的市場。然而中國人均 GDP 約為日本的一半，所以需要考慮的是未來的增長潛力？接下來是一個重要的問題：BATH 提供的服務，包含介面，都是為中文環境進行最佳化，所以只能在講中文的地區中使用。

另一方面，美國企業提供的服務和介面是以英語為基礎，所以可以推廣到全世界。與致力本土化的中國企業相比，美國公司進行的是全球化。故毋庸置疑，美國企業的增長潛力是巨大的。

另外我還想補充一下日本的情況。從結論來說，日本企業的規模完全比不上這兩個國家。微軟約為 150 兆日圓，谷歌約為 100 兆日圓，而臉書約為 60 兆日圓。跟腾訊也是約 60 兆日

圓相比，日本的軟銀集團約為 10 兆日圓；而很多日本人都在使用的 LINE 只有約 1 兆日圓。差距就是這麼大。

就在我寫這本書的時候，有一個非常具象徵意義的消息傳來：谷歌、微軟、蘋果公司和亞馬遜四家公司的市值達到了 5.97 兆美元（約 640 兆日圓），超越了日本所有上市公司的總和，日本所有上市公司的總合約為 5.84 兆美元（7 月 20 日的消息）。日本的上市公司數量約有 3700 家，僅僅四家公司就超過了這 3700 家公司的總市值。這就是美國破壞性公司創造 2025 年未來的力量。

在另一方面，有一家公司讓我煩惱是否要將它加入這 11 家公司的行列。那就是中國企業「抖音」。抖音為何如此特別？因為抖音有著出色的創意（idea）、演算法（algorithm）和可用性（usability）。

抖音是一個智慧型手機應用程式，幾十秒的影片一個接一個地播放。抖音與 YouTube 和其他類似影片應用程式的區別在於，它有著卓越的個人化推薦功能。你不必選擇想看的影片，抖音就會根據使用者的屬性和過去的觀看紀錄，陸續播放最適

合的影片。

換句話說，抖音不需要語言文字。這就是儘管抖音來自中國，但在美國和日本也相當受歡迎的原因。

抖音的非凡之處在於，儘管它成立於中國，但它在美國加州設有辦公室，並在中、美兩國皆持續開發及發展事業，是一家非常獨特的公司。抖音實在太受歡迎，引起了美國政府的注意。從這個觀點來看，我也會密切關注抖音的未來。

我還著眼於另一間公司微信上。微信最初是抄襲美國的臉書，然而它現在跟 LINE 一樣，已經將服務擴展到信用卡支付等其他事業，並且發展成為一個所謂的超級應用程式。現在，原本被抄襲的臉書正反過來參考微信的服務和動向。

中國企業抄襲美國企業創造的技術與服務的趨勢，在未來仍不會改變。然而如果像微信一樣，透過增加更好的服務而成長。反之，美國企業也會模仿它。類似這樣的企業動向也是一個值得關注的趨勢。

此外，中國抄襲美國的風潮也擴展到了其他亞洲國家，如新加坡和印尼。新加坡的叫車應用程式 Grab 就是一個具代表性

的例子。

　　這裡我們也看到了與先前所提到的，類似臉書和微信的趨勢。那就是 Grab 的成長。Grab 不僅在本國新加坡發展，版圖甚至拓展到了其他亞洲國家，如印尼、馬來西亞、菲律賓和柬埔寨等國。

• 數量催生品質

　　人工智慧的價值在於如何漂亮地使用演算法，以及能將多少數據納入這些漂亮的演算法中。我經常說「人工智慧的價值 = 演算法 x 數據量」。

　　在演算法方面，中國仍處於起步階段。而且說實話，中國的演算法具有一些弱點。當你實際去看中美兩國關於人工智慧的論文時，會發現創新很少來自中國。然而就數量而言，中國在研究和論文方面都已經超越了美國。

　　「數量催生品質」是一個經常被討論的議題。換句話說，雖然美國目前毫無疑問很強，但如果中國繼續進行大量的研究，中國有一天可能會超越美國也不一定。

　　美國另一個瓶頸是關於隱私與權利的問題。當一旦牽扯到隱私與權利相關問題，他們就會立刻停止研究。最近隨著「黑人的命也是命」（Black Lives Matter，BLM）運動的蓬勃發展，亞馬遜和微軟也暫時停止使用他們提供給警方用於預防犯罪的臉部識別系統。

　　這是因為他們發現，當使用臉部識別來檢驗人們的行為時，會導致做出認為黑人行為可疑的決定。也就是說，他們是出於對自家技術會助長種族主義的擔心和考量。

　　我認為他們這樣做很好。只是在這段期間中，他們無法獲得數據資料，所以科技的發展肯定會停止。另一方面，在中國不管對錯，在數據獲取方面則沒有隱私可言。不管是走在街上的行人、罪犯、遊客等皆然。在這種環境下，許多人的數據可以被一個接一個地抽取並自由使用。

　　即使目前中國的演算法技術依然拙劣，但未來中國將利用所掌握的大量數據來開發複雜的演算法。這個可能性是非常高的。

大趨勢①

產業壁壘的瓦解以及
集團公司化的再臨

　　到目前為止，我已經探討了 11 家公司的動向。這些公司將在五年後對未來產生重大影響。我的預測是，在這 11 家公司的動向統合之前，將出現三大趨勢。

　　其中之一是「產業壁壘瓦解及集團公司化的再臨」。換句話說就是像過去的財團一樣，一家公司將跨產業經營多種類型的事業，進而巨大化。為什麼會出現這種現象呢？

　　從一項產業中獲得的數據資料和知識可以活用在另一項新事業上，以創造協同效應 [17]（synergy）。

　　原因是這一趨勢正變得越來越清晰。

　　「集團公司 [18]」一詞，對上個世代的人來說可能是像奇異公

司（GE），或是索尼（Sony）這樣從事硬體事業的公司，向其他產業進軍。如軟體、金融、房地產和娛樂等事業。事實上，截至目前為止的確是這樣沒錯。奇異公司就是一個很好的例子。

基於上述原因，我認為許多人有著「集團公司化＝邪惡」的印象。然而，我目前提到的這種當前的集團公司，並非傳統的集團公司。雖然我使用了「再臨」這個詞，但這裡指的是一種全新的集團公司。更準確地說，集團公司的概念已經發生了變化。

過去集團公司會將從核心事業中賺來的資產擴展到其他產業，也就是基於分散投資考量所進行的行動。故當他們進入市場時，就會試圖配合當時流行的產業進行投資。他們認為「只要其中一項產業賭對就能賺錢」。這是一種以投資觀點進行的手法。

然而目前討論的這 11 家公司的集團公司中，所有的產業都

---

17 協同效應又稱加乘性、協助作用、協助效應、協同作用或加成作用、加乘作用，指「一加一大於二」的效應。例如商業環境，市場或企業併購或合併，有可能產生互補不足，雙劍合璧的協同效應。

18 集團公司（conglomerate company）可稱為聯合大企業、綜合企業、企業集團、混合聯合企業或多元化控股公司，指跨產業、多樣化經營的大公司，用以分散風險。一般而言，由於登記營業項目的限制與營業稅的考量，多以企業集團的模式營運。例如韓國的三星集團，及台灣的台塑集團等。

透過數據聯繫在一起。他們可能涵蓋了各式各樣的產業，但這些產業都被「數據」這個共通點緊密聯繫在一起。這裡的「數據」就是三大趨勢中的其中一個。

現代的集團公司與過往的集團公司還有其他不同之處。例如過去的集團公司是從硬體裝置到軟體裝置，而現代的集團公司是由軟體產業進入硬體產業。而軟體公司在這樣做的過程中，會積極地進行收購。谷歌為了加強手機事業，收購智慧型手機製造商摩托羅拉（Motorola）就是一個很好的例子。

這種趨勢下，硬體很強的日本公司無法在全球迅速發展。可是為何硬體公司不能收購軟體公司？反過來說，為什麼軟體公司卻能輕易跨越產業壁壘？

在前者情況下，正確來說並不是完全「不能」。而是即使硬體公司收購了軟體公司，他們也沒有能夠瞭解科技技術的人才或管理團隊，結果就是優秀人才相繼出走。

相反地，當一家軟體公司收購一家硬體公司時，有時只是為了專利或執照。例如在谷歌收購摩托羅拉的案例中，雖然谷歌進行了收購，但只保留了專利相關的部分，其餘的都解散了。

如此精明的程度也和過去的集團公司不同。

而以後者情況來說，軟體公司為何能如此容易地超越產業壁壘的限制？

雲端計算以及訂閱服務的興起。

這兩個是主要的原因。

過去軟體要被安裝在電腦、智慧型手機或其他硬體裝置上才能運行。

於是造成無論開發出多麼好的軟體服務，除非配備高性能的硬體裝置，才有辦法廣泛流傳的狀況。可以說軟體對硬體的依賴性很強。

然而隨著雲端計算的出現，所謂的邊緣裝置（edge device），如個人電腦和智慧型手機，不再需要自行執行繁重的處理程序。

換句話說，我們不再需要高性能的硬體裝置。擁有硬體的目的已經變成了將數據上傳至雲端。因此，只要開發出好的軟體，以及有一個可以連接網路的環境，就幾乎可以從事任何產

業。

智慧音箱就是一個很好的例子。當你與智慧音箱交談時，裝置（硬體）只處理了一部分。智慧音箱透過網路連到雲端，由人工智慧進行分析，然後再將數據回傳至智慧音箱上。簡單來說，智慧音箱只不過是個箱子。

軟體公司跨越產業壁壘，進而集團公司的趨勢在未來將繼續成長。

換句話說，繼續專注於特定產業上的公司將可能會被這 11 家公司摧毀或併吞。

因而在未來，這 11 家公司將主導各大主要產業。隨著它們的集團公司及巨大化，在未來的主導地位也將更進一步提高。

大趨勢②

既不是硬體也不是軟體，
「體驗」將成為未來的核心

　　像前述的 11 家創造未來的公司，很容易就能跨越產業壁壘。另外還有一個原因，他們打從一開始就沒有分硬體或軟體的概念。

　　他們關心的是使命和願景。

　　以亞馬遜的案例來說是「客戶至上」，這是為了提供客戶最愉快的購物體驗。換句話說，是他們希望能提供客戶最好的款待。

　　當體驗成為核心時，服務的品質就會跟著發生變化。舉例來說，假設你想在亞馬遜購物，而他們向你推薦了肉包。這是因為亞馬遜儲存了你經常在便利商店購買肉包的體驗數據，並將其反映在個人化推薦內容上。

　　然而，如果亞馬遜只會一味推薦肉包給你，也稱不上是個

多愉快的體驗。這就是為什麼要將你的其他活動和體驗經歷也轉化為數據，因為這樣才能在網路上獲得最適合你的個人化體驗，也就是極致的款待服務。

有些人可能會對自己的體驗被當作數據感到不舒服。但如果你同意提供數據資料便可以買到便宜 10% 的產品呢？如果他們能確保數據保密呢？關於數據資料，我將會在後面篇章講得更為詳細，但我認為很多人都會願意接受。

而且儲存的數據越多，提供的服務水準也會越高。

以前我們會追求高品質的硬體裝置，或是想安裝高品質的軟體。這些是過往消費者向企業尋求的價值和需求。但在接下來的未來，消費者向企業尋求的價值和需求肯定會變成「體驗」。

從谷歌等企業的動向來看，「體驗」明顯將成為未來的關鍵字（keyword）。我前面提到的「進入『搜尋前』的世界」（第 40 頁）就是一個證明。

現在谷歌的作用和願景是，即時、準確地顯示使用者搜尋的最佳答案。

　　但在 2025 年的未來，谷歌將更往前邁進一步。透過分析那些使用搜尋服務的使用者的屬性及搜尋紀錄等數據資料，我們可以這麼說：當你打開谷歌時，想要的資訊就會自動顯示出來。那將是 2025 年的未來。

　　關於企業運用數據這點，注重隱私問題，並以無法直接識別特定個人的方式使用是很重要的。不過在我寫這本書的時候，聽到了只會收集過去一年半數據的消息。這是由谷歌所發布的公告。

　　由於人的偏好會持續改變，谷歌應該是認為過去一年半的數據就足以提供最好的服務吧！

　　對使用者來說，像這樣明確的公告應該會讓拒絕提供數據的人減少。使用者一旦嘗試過能得到極致款待的體驗，他們就會覺得很舒服，離不開這樣的便利服務。 於是乎，這 11 家公司的存在感將越來越深。

大趨勢③

掌控數據的人就能控制未來

亞馬遜為什麼要開沒有實體收銀機的無人商店 Amazon Go ？因為它想在電子商務以外的現實生活中取得客戶的資訊。更進一步地說，亞馬遜希望能密切接觸人們一天 24 小時的生活；不管何時何地，從 Amazon Go，到汽車、火車及其他生活上接觸的地方，亞馬遜跟客戶都有接觸點（touchpoint），並獲得相關資訊。

採取這種方式的不會僅有亞馬遜。我在前面已經解釋過，未來企業的特徵是會跨越產業壁壘，和集團公司；硬體和軟體的概念即將消失，服務和體驗將成為基礎軸心。

只不過如果想要利用這個趨勢，需要連結所有領域和產業的數據，無法分享的數據則會失去意義。這就是為什麼企業皆致力於獲取和分析數據。

例如亞馬遜已經具備自動獲取、利用數以億計客戶數據的演算法。

前面提到的 Alexa 就是一個很好的例子。亞馬遜宣佈 Alexa

將跨足戶外，目前城市中執行類似業務的據點，未來 Alexa 也將取代原本的人員。這將是即將到訪的未來。

Alexa 之所以要跨足戶外，不僅是為了提高對使用者的便利性，與減少人力成本；也是為了要收集客戶行為的數據。總結來說就是這樣。

未來的趨勢是企業的業務型態轉為集團公司，故所有公司都需要數據。即使是乍看之下沒什麼用處，或對業務沒有直接影響的數據也不要緊。這與偵探和警察收集各種資訊和證據以進行調查和推理的原理相同。在個體經濟學中，這被稱為「訊號理論」（signaling），並在 2001 年獲得諾貝爾經濟學獎[19]。

除了對食物的喜好以外，其他像是偏好的髮色？髮量多或少？是否喜歡寵物？是否有養狗或貓？一天散步幾次？等等類似的數據資料。又或者是從某間公司發現另一間公司的客戶對信託基金感興趣。

與其試圖向那些對信託基金不感興趣的人推銷，不如開發

---

[19] 美國經濟學家麥可·史彭斯（Andrew Michael Spence），對資訊經濟學（information economics）做出了開創性的貢獻。他與喬治阿克洛夫（George Arthur Akerlof）、約瑟夫史迪格里茲（Joseph Eugene Stiglitz）一起獲得了 2001 年諾貝爾經濟學獎。

這類的潛在客戶，無疑會提高成交率。透過這種方式利用和連結數據，集團公司可以盡可能地減少無謂的行動，提高收益率（earning rate）。這將成為未來的常態。

過去也一直有運用數據的舉措和戰略。然而，由於隱私與技術上的問題等，這些戰略並沒有收到如預期般的結果。但隨著雲端計算和傑出資料科學家的出現，讓這些原本不可能的事情變得可能。

隨著集團公司的再臨，企業必須要懂得運用數據。數據的使用及協同效應將更受人們關注。而那些不做或做不到的公司，將被這 11 家公司和其他做得到的公司所吞噬。

第二章

11家公司創造的大趨勢①

產業壁壘的瓦解和集團公司的再臨

不決定核心事業的企業終將獲勝

當亞馬遜和蘋果公司進入金融業時，相關產業的公司一定很驚訝。然而對他們來說，跨越產業壁壘只不過是件小事，對此毫不猶豫。畢竟他們甚至尚未決定核心事業是什麼。

時代總是在變化，新的科技和服務接連出現。盡快趕上當前的趨勢是非常關鍵的，不管你身在哪個產業皆然。而亞馬遜和谷歌相當明白，維持這種態度很重要。

換句話說，那些侷限並執著於自身核心事業的公司將失去他們的立足點。也就是說，我們必須隨時準備好應對變化。

例如，人工智慧等新技術可以輕易摧毀在此之前主導產業的大公司。而最近的一個趨勢是，小規模的新創公司能夠讓這種以新技術摧毀大公司的事情成真。

像是奧林帕斯（Olympus）宣佈退出持續了 84 年的相機事業。此前奧林帕斯採取與競爭對手對抗的對策，如進一步提高性能。

然而，智慧型手機的攝影鏡頭讓他們重重地跌了一跤。這種事在未來會經常發生。

亞馬遜過去的主要事業是電子商務，但現在它的另一項主要事業是雲端。網飛最初也只是一家 DVD 出租店，現在已經是一家串流媒體服務和影片製作公司。他們獲得了名為人工智慧的這項武器，正在超越產業壁壘。

谷歌也跨越了產業壁壘。然而，谷歌約九成的收入仍來自搜尋相關的廣告，所以我會關注它的未來動向。同樣地，微軟今日的主要事業是與 Office 相關的服務，但在未來，包括 2025年，微軟將會從事什麼樣的事業？如果未來微軟與今日的情況大不相同，也不會令人感到訝異。

SpaceX 是另一個例子。該公司正在成為一家不在意產業壁壘的集團公司。除了開發太空通訊網路以外，SpaceX 還著手開發火箭。過去火箭被形容為是不可能由私人公司開發的專案，這是近年的發展潮流和突破。他們並一鼓作氣地在火箭上搭載了人工智慧。結果讓 SpaceX 成功開發出可重複回收使用的火箭。SpaceX 使火箭上太空的成本僅為傳統火箭的百分之一。

● Adobe：一家正在重新啟動的老公司

除了 GAFA 之外，還有其他公司正在超越產業壁壘。而且這些公司表現也都相當良好。

其中我對 Adobe 特別感興趣。該公司曾經由於俗稱的「大企業病 20」，一度差點破產，但在 2011 年推出訂閱制服務後逐漸恢復。2016 年公司內部開發出自有的人工智慧技術，透過提供這些人工智慧服務，以前仰賴創作者技能的影像和插圖處理作業能靠人工智慧自動完成，該公司的業績也跟著迅速恢復。Adobe 目前的市值已經成長為約 20 兆日圓。

Adobe 最初是一家軟體公司，專門銷售 PDF、Photoshop 和 Illustrator 等軟體和相關系統。

在人工智慧的幫助下，該公司已轉變為提供影像和插圖處理服務的提供者，提供給專業使用者使用。目前該公司相當專注在此一事業。

這可能就是為何該公司在 2018 年，把公司名稱從 Adobe Systems 改成了 Adobe。 我認為公司名稱改變是他們發出的一個訊息，意即他們將繼續提供各種多樣的服務。

　　索尼雖然曾被對沖基金（hedge fund）大肆批評，形容其為失敗老牌集團公司的範例，但它現在成功轉型為一家全新的集團公司，並且業績表現良好。他們主要是以金融產業為中心，但也有將觸角延伸至遊戲等產業。

　　為什麼索尼能夠成功做出改變？作為一家硬體製造商，索尼一直有著根深蒂固的硬體製造商價值感，其特點是擁有強大的硬體工程師團隊。索尼卻也正因如此將自己限制在特定的產業內。

　　出於對這種情況的擔憂，現任總裁吉田憲一郎放棄了原本硬體公司的名號，著手創建一個以金融事業為核心的新型集團公司。該公司的業績也因此開始復原。

　　在改革公司的過程中，索尼確定了自身的世界觀、價值觀和願景，就像迪士尼和其他公司一樣。索尼在集團公司的過程中沒有動搖此軸心，而是著手進行集團公司。索尼的願景是「用好奇心和科技使世界變得更美好」。

　　我不知道索尼未來想要如何發展。不過目前我們可以說，

---

20 當企業發展到一定規模後，容易出現阻礙企業發展的種種症狀，易使企業逐步走向倒退或衰敗一途。症狀如溝通不良、職責不清、決策複雜、行動緩慢、本位主義滋生、協調困難、安於現狀、墨守成規等等問題。

索尼是一個成功的例子，他們跨越了產業壁壘，成功化身集團公司。

軟銀是另一個在改變核心事業的同時依然繼續成長的例子。軟銀最初的事業是銷售軟體，但他們投資了雅虎並進入搜尋產業。接著軟銀轉入行動電話事業，現在已經成為一個投資集團。軟銀並成功地利用各項事業的協同作用，使整個集團獲得盈利。可以說軟銀集團是超越產業的一種集團公司形式，這要歸功於孫正義總裁的有力領導。

另一方面，也有些公司由於無法克服產業壁壘而陷入困境。其中一個例子是美國的奇異公司，他們過去被稱為製造業的榜樣。另一個例子是國際商業機器公司（International Business Machines Corporation，IBM），它曾經是尖端科技的代表之一。由於 IBM 原以銷售硬體和伺服器為主，雲端與他們的既有事業形成了競爭關係，故錯過了雲端計算的浪潮。即使後來發現不對，急忙開始研發軟體，推出了名為華生（Watson）的人工智慧系統；卻因為華生偏向機器學習，不具備最新趨勢的深度學習（deep learning），導致該公司在市場上陷入苦戰。

　　IBM 面臨了不得不改變的狀況。但就算他們做出了改變，
卻依然會陷入苦戰。這是未來會發生的事實。

　　Adobe 並不是唯一一家改變公司名稱的企業。蘋果公司
在推出 iPhone 的同時，將公司名稱從原來的蘋果電腦（Apple
Computer, Inc.）改為蘋果公司（Apple Inc.）。就像 Adobe 一樣，
是一條向社會傳達「核心事業已經改變」的訊息。

　　索尼（Sony）也已將公司名稱改為索尼集團（Sony Group
Corporation）。顧名思義，這代表了他們未來將持續提供綜合性
服務。

信用卡和金融公司將被併吞

在 2025 年的未來，GAFA 可能已經吞併了信用卡和金融公司。這是因為對實體信用卡的需求正在減少，電子支付正在成為常態。未來已經不是在店裡安裝讀卡器的時代了。

實際上，如果問消費者「信用卡或智慧型手機只能選一個，你會選哪個？」大多數人會選擇智慧型手機。這是因為只要有智慧型手機就可以進行付款。

信用卡公司和金融公司自然對這樣的未來感到憂心忡忡，但他們找不到一個好方法來處理這個問題。或者更準確地說，他們對是否要處理這個問題感到猶豫不決；這是因為他們不想破壞目前的盈利商業模式。信用卡公司的利潤來源是刷卡手續費。雖然手續費趴數因店而異，但大多是 4 ～ 6%。也就是說如果你以信用卡支付一萬日圓，他們會收到 400 ～ 600 日圓不等的利潤。

主要的信用卡公司，Visa、萬事達卡（Mastercard）和美國運通（American Express），都在世界各地經營類似的業務。換句話說，你在看這本書的此時此刻，信用卡公司正在收取巨額

的手續費。信用卡公司每年實際賺取的費用約為 2 兆日圓。Visa
的市值約為 47 兆日圓，萬事達卡的市值約為 34 兆日圓。由此
可見這是一個多麼大的市場。

　　還有一個信用卡公司無法採取行動的理由：即使他們想採
取行動，也會因為他們沒有資源來做 GAFA 擅長的電子商務
和廣告事業而失敗。GAFA 擅長運用數據，但信用卡公司並不
具備這些事業所需的人才和專業知識，像是資料科學家（Data
Scientist）。

　　但信用卡公司與 GAFA 一樣，有可能透過收購該領域有實
力的新創公司，進而打進市場。我認為如果要與智慧型手機的
行動支付競爭，此舉將比降低手續費的可能性來的更高。

　　其實萬事達卡已經做出了行動，也就是前面提過的 Apple
Card。他們在被 GAFA 併吞之前與蘋果公司合作，正試圖與同
產業的其他信用卡公司競爭。而高盛同樣也有了動作，他們的
行動如前面篇章所述。我認為萬事達卡和高盛都做出了一個明
智的決定。

　　在 GAFA 其他成員中也可以看到類似蘋果公司與萬事達卡
及高盛合作的行動，像是谷歌。其實不僅是谷歌，GAFA 或其

他精於線上支付的企業也紛紛與金融機構合作。最近時常可以看到很多這類的話題。

雖然信用卡公司在公司規模和歷史方面可能具有優勢，但在科技領域仍遠輸 GAFA 及其他網路公司。因此，GAFA 併吞信用卡和金融公司的趨勢將持續下去。

Visa 公司一直以來都是奧運和國際足球總會世界盃（FIFA World Cup，又稱世界盃足球賽）等全球活動的贊助商，未來這些活動的主要贊助上很有可能會換成 GAFA。事實上，谷歌正是東京奧運的贊助商之一。

未來不僅是金融，像是物流、娛樂、醫療保健、交通等等，那些固守傳統舊有事業的大型企業將被 GAFA 和精於資料科學的新創公司相繼吞併。

在疫情之下勝出的零售商，
沃爾瑪的秘密

在新冠疫情的影響下，零售商受到嚴重打擊。根據銷售的產品而定，某些公司可能甚至被迫歇業。而販售日常用品的超市等商店也被迫縮短營業時間、為了保持社交距離而限制客戶人數，導致絕大多數商店和公司的營業額下降，面臨經營上的困境。

在這種情況下，有一家公司雖屬零售業，營業額卻沒有出現問題，股價甚至還逆勢成長。

那家公司就是沃爾瑪（Walmart）。沃爾瑪的神奇之處在於，雖然它是一家歷史悠久、規模龐大的跨國企業，但在公司經營層面上是如此先進和快速；他們甚至對投資 TikTok 非常感興趣。

沃爾瑪在 2006 年左右開始著手網路超市業務，那時亞馬遜正在迅速發展。沃爾瑪在矽谷設立了辦公室，並且陸續招募、收購了一些擅長資料分析和電子商務的人才和新創公司。沃爾瑪最近的合作對象是之前提過的 Shopify。

雖然沃爾瑪是一家歷史悠久的公司，但他們學習並實行了 GAFA 透過併購（M&A）加強不擅長領域的經營手法。讓沃爾瑪雖然表面上是一間歷史悠久的大公司，實際上卻擁有像 GAFA 般最先進公司的技術和服務。

另一方面，當其他零售商進入電子商務領域時，反而會與自家的實體商店競爭。 造成其他零售商對進入電子商務猶豫不決，因為他們認為他們會失去實體商店的客戶。

沃爾瑪則不同，他們認為可以利用自家的實體商店提供嶄新的服務。這正是一間成功公司的縮影：打破了陳規，超越了產業壁壘。

沃爾瑪的管理風格與亞馬遜相似。事實上，沃爾瑪將亞馬遜當作標竿。零售業的定義是進貨和銷售物品。他們不執著在此，而是認真思考如何讓客戶滿意，並秉直地實際執行。

從沃爾瑪正在開發訂閱服務就證明了這一點。如果你支付 98 美元的年費，不僅平常購物可以獲得折扣，還可以經由購物獲得各式各樣不同的服務和有趣體驗。

儲物櫃服務就是一個很好的例子。美國的沃爾瑪商店在入口處設有儲物櫃，這個儲物櫃中放的是客戶在網路上訂購的商

品。客戶可以不必進入商店，就將所需商品帶回家。

　　亞馬遜的送貨流程是從倉庫開始進行，而沃爾瑪在美國各地都有實體商店。他們的想法是，如果能從這些實體商店送貨給客戶，就能打敗亞馬遜。

　　事實上，可以從這次疫情看出沃爾瑪並不留戀零售業。像是美國傳統的露天汽車電影院。由於新冠疫情的影響，造成人們好一陣子都無法去電影院。這就是為什麼沃爾瑪決定打造露天汽車電影院，好讓人們在享受電影的同時也能保持社交距離。他們開放自家實體商店的停車場，搖身一變成為露天汽車電影院。

　　沃爾瑪的願景很明確：為支持自己的客戶提供最佳的體驗。雖然說起來很簡單，但他們很了解，只要能做到這一點，就能留住客戶。亞馬遜也是如此。

　　我偶爾也會使用沃爾瑪的服務。他們的應用程式非常容易上手，使用者介面的完善程度令人想不到居然是一家老牌公司做出來的。沃爾瑪的網路超市也可以購買生鮮食品等物資。至於取貨如前所述，速度可以比亞馬遜還快，也更加便利。

　　說實話，我第一次使用沃爾瑪的服務時感到非常震驚。沒

想到一家歷史悠久的零售商可以做到這種程度。可以說沃爾瑪是一家在數位轉型（digital transformation，DX）上獲得巨大成功的老牌企業，也是經由數位化帶動價值上升的最佳體現。

我相信沃爾瑪擴大服務範圍、跨越產業壁壘的行動將繼續下去。

例如先前提到的儲物櫃服務，未來可以不只是儲物櫃，而像是由店員幫你打包到自家汽車的後車廂。又或者是亞馬遜目前正在測試中的服務，他們可以將貨物送到停在你家門口的自家汽車後車廂。

由於亞馬遜已是標竿，我認為沃爾瑪還會持續推出新的服務，那些服務將類似亞馬遜目前所提供的服務。而且這種態勢應該會持續一段時間，我很期待看他們今後將如何與亞馬遜競爭。

亞馬遜從線下（offline）轉移到線上（online）是大勢所趨。沃爾瑪也正在從線下往線上發展。到了 2025 年時，他們一定會收到相應的回報。

急劇變化的產業①

運輸——比火車快 1 倍、便宜 40% 的自動駕駛計程車將顛覆鐵路

如同第一章所述，馬斯克正在構思一個類似於「無聊公司」
（The Boring Company）事業的基礎設施專案，並且已經開始在
美國拉斯維加斯和中東地區進行。這就是超級高鐵（hyperloop）
的概念。

特斯拉正在努力推廣這種時速達到 1000 公里的線性馬達列
車（linear motor car），及性價比較火車高 1 倍的自動駕駛計程
車。如果這種情況發生，某些地區對鐵路的需求將急劇下降。

這將造成鐵路的數量大幅減少。目前日本的農村地區已經
出現公車停駛的問題，我相信某些鐵路線路最終也會出現這種
情況。看看船舶在過去歷史上擔任的角色，我認為未來的鐵路
也會走上同樣的道路。換句話說，鐵路可能會成為運輸大量重
型貨物的工具，或是轉為像豪華遊輪那樣提供豐富的旅行體驗？
目前已經看得到後者。

如果鐵路的使用者人數減少，車站本身就會失去價值。如

此一來不僅是車站，連車站周邊地區也會失去活力。「車站附近的房地產價值永遠不會暴跌」，像這樣的現代常識可能在未來社會中並不成立。相反地，郊區的房地產價值則可能增加。這是因為如果在車輛容易調度的狀態下，即使住在郊區，自動駕駛計程車依然可以以低廉的成本載客戶到任何地方。

在航空業界的某些航線將比鐵路面臨更艱難的狀況。對日本國內航線造成主要影響的是先前提過的超級高鐵。至於在國際航線上，馬斯克宣布了一項利用太空火箭取代飛機的計畫。如果此一計畫實現，從東京到紐約的飛行時間只需約 40 分鐘，這將造成航空公司失去許多客戶。這確實稱得上是一個摧毀未來航空業的舉動。

另一方面，有一些航空公司已經迅速架起天線，以對抗這種跨產業公司進入市場。像是全日本空輸（簡稱全日空或ANA）。全日空一定很怕未來實際飛行的飛機數量大幅減少，故他們開發了一種可遠距遙控的虛擬化身機器人「newme」。該公司正在尋求拓展新的事業，例如鼓勵過去搭乘飛機出差的商務人士使用機器人。

乍看之下全日空似乎正在扼殺自己，但這種自我否定的想

法是很重要的。首先全日空的前身日本直升機運輸公司，過去的核心事業是直升機。它剛開始創業時只有兩架直升機。

他們從兩架直升機開始，步上了與日本航空（簡稱日航或JAL）競爭之路。後者當時已是一間擁有大量巨無霸噴射客機的航空產業巨頭。換句話說，全日空原本就是一家具有創業精神的公司。

全日空的虛擬化身機器人事業已經進行了好一段時間，由於這次新冠疫情爆發才突然引起了很多人的關注。其他觀光企業也有類似的舉動。

日本香川縣的一家巴士公司已經開始提供線上巴士旅行服務，而不是載客服務。

公司目前的營運狀況越好，就越難考慮到當核心事業變得嚴峻時將會發生什麼事。那些將會倖存下來的公司正在思考他們的事業持續營運計劃（business continuity plan）。這是一個著眼於未來 20 或 30 年的計畫，為了生存下去，這些公司必須要考慮這個問題。

這次的新冠疫情從這層意義上可以說是一個好機會。

急劇變化的產業②

影音——迪士尼將成為產業的終極目標

● 新冠疫情正在加速整個產業的演變

　　除了那 11 家公司之外，還有其他一些公司實行了集團公司化，並取得了成功。 這就是華特迪士尼公司（The Walt Disney Company），也稱為迪士尼。

　　迪士尼最初以主題公園和動畫片開始起家，後來擴展到商品銷售和 3D 服務等等。他們跟亞馬遜一樣，試圖在每個接觸點（touchpoint）上都能滿足客戶。

　　有了迪士尼這個共同世界觀，不論迪士尼公司從事什麼類型的事業，都在滿足消費者的需求。我相信迪士尼完美體現了「對公司來說什麼最重要」的意義，也可說它將是少數幾個在未來也能存活的公司之一。

　　GAFA 理所當然地沒有缺席影音產業。亞馬遜擁有 Amazon Prime Video，谷歌有 YouTube，臉書則是 Instagram。GAFA 在影音產業的趨勢和關鍵字為何？答案是活用人工智慧的個人化

推薦功能。

舉例來說，假設你想買一套跟你在 Amazon Prime Video 上觀看的電影中的女演員一樣的時尚服裝，在 2025 年的未來將能一鍵完成購買。未來就是那樣的世界。

Facebook 其實已在 Instagram 上開發類似的產品銷售服務，而剛才描述的那種一鍵購買服務極有可能在 2025 年之前就已經成形。

影音產業的趨勢到來的速度比我想像的要早得多。這是由於新冠疫情所造成的影響。因為許多人已經開始使用視訊會議工具和其他工具進行遠端工作，以前只有少數人會使用這些工具。

另一個因素是由於人們被要求在家自律，對在家即可享受的影音需求增加，例如前面提到的影片串流服務。目前也是一個人工智慧，特別是深度學習這種圖像分析技術的準確性不斷提高的時代。由於前述這些因素，造成一些原本被預測在 2025 年左右才會發生的趨勢目前已經提早出現。

越來越多商業上的互動將會透過視訊會議工具（例如

Zoom）進行。由人工智慧分析與對方互動的影片，用來確認該如何說話、做出什麼樣的表情可以給對方留下好印象。如果是業務人員，可以確認對方是否有意簽訂合約？人工智慧未來將有能力進行這類分析。

　　搞笑藝人、歌手和偶像在網上進行直播時也是如此。什麼樣的手勢和臉部表情會受到觀眾歡迎？可以用來確認自己收到抖內（贊助）等動作時，做出了什麼樣的臉部表情和舉動？透過人工智慧的影片分析，可以了解很多東西。

• 讓溝通更順暢的服務接踵而至

　　讓溝通更順暢的服務也是未來的一個趨勢，如 Zoom 的虛擬背景。

　　資生堂正在開發應用程式「TeleBeauty」，這是一個讓使用者在舉行視訊會議時，即使不化妝能看來有化妝的濾鏡工具。

　　在這種趨勢下，即使服裝或髮型沒有經過刻意打扮，也可以像是經過造型一般出現在對方面前。說的簡單點，未來可能可以讓一個人即使穿著睡衣剛從睡夢中醒來，蓬頭垢面，連臉

都還沒洗；但從螢幕上看起來像是穿著整齊的西裝和領帶，頭髮經過整理，而且皮膚的膚質也很好。未來將能做到這種事。

不僅僅是服裝、外表，當使用攝影鏡頭進行線上溝通時，許多人驚訝地發現自己在和對方交談時，不知道應該要看攝影鏡頭還是螢幕上對方的臉。

其實想邊觀察對方的表情邊跟對方說話，但如果看著對方的臉，在對方看來你的眼神方向就會偏掉。目前還沒有公司提供這種視線矯正服務，但以今天的技術，這是有可能辦到的。

由於對這種類型的服務仍有需求，看到商機的公司很有可能克服業界壁壘，從其他產業進入市場，例如資生堂。

線上通訊的基本設備，如耳機和揚聲器（喇叭）等相關的產業也將活躍起來。 其中包括高度定向的揚聲器，即使不戴耳機，其傳遞的音訊就像佩戴著耳機一樣。

或者也可能正巧相反，到了 2025 年，能夠播放具有真實感的 3D 聲音的揚聲器可能會出現在市場上，彷彿線上另一端的人就在你身邊。

我也在關注能夠實現 AR、VR 和 MR 的頭戴式耳機和眼鏡。事實上，如果你戴上微軟開發的 MR 裝置 HoloLens，即可與人

交流，就像他們在你面前一樣。

然而HoloLens目前來說是一個要價幾十萬日圓的昂貴裝置。因此，使用低價AR和VR設備的服務是否會首先成為趨勢？這還有待觀察。

至於VR，本書開頭的未來預測小說中提到的臉書的Horizon服務，似乎終於要正式全面展開了。所以我會關注每間公司、科技和服務的發展趨勢，包括服務的品質。

我在影音產業還有關注另一個重點，那就是日本的吉卜力（Studio Ghibli）和任天堂是否能做到像迪士尼一樣的事。日本的動畫和遊戲，特別是吉卜力和任天堂是世界級的。

如果能夠實現動畫或遊戲中的獨特世界觀，服務無疑會得到使用者的讚賞。反過來說，如果這些獨特世界觀僅僅停留在影像階段，那就太可惜了。不久後超級任天堂世界（Super Nintendo World）將首先在日本環球影城開幕，接著也將在美國佛州、好萊塢及新加坡等地陸續開設。還有預定於2022年在名古屋開業的「吉卜力樂園」（Ghibli Park）也令人注目，它將成為後續趨勢的起點。

急劇變化的產業③

農業——在東京的 20 層樓高大樓內種植高級蔬菜

　　農業一直以來都是在農村的廣大土地上進行的。然而在2025 年的未來，這種情況可能會改變。這是因為農業的未來趨勢是在城市裡進行，更接近消費者。

　　如果這種情況得以實現，運輸成本將大大降低，消費者也將更容易買到新鮮農產品。其中我特別關注名牌、稀有的農產品生產。反過來說，農村地區的農民大規模地生產廉價、大量消費的農作物。未來農業有可能會被以這樣的二分法劃分。

　　我想向你們介紹一個美國的例子，那間公司正在實現我設想的未來，那就是紐約附近一家名為 Oishii Berry 的公司。該公司生產的草莓平均糖度約為 15 度左右，而一般草莓的甜度通常為 7~8 度。他們甚至還有生產糖度超過 20 度的超高級草莓，可說他們栽種的草莓是名副其實的「美味草莓」（Oishii Berry）。

　　Oishii Berry 的草莓工廠位於緊鄰紐約州（State of New

York）的新澤西州（State of New Jersey）辦公室內。換句話說，它是一間專門種植草莓的植物工廠。過去在紐約難以買到高品質的草莓，目前該公司生產的草莓可以在紐約以高價賣出。

我相信這股趨勢也會出現在日本。例如我們可以在東京市中心建造一座 20 層高的大樓，專門用於生產農產品，像是草莓一樣的高級食材。採收的農產品將出貨給附近的高級餐廳和高級超市。Oishii Berry 的老闆是畢業於加州大學柏克萊分校（UC Berkeley）的日本人，所以我認為實現的可能性非常高。

農業領域的自動化和數據活用也在進步，今日我們可以看到來自軟體和人工智慧產業的公司正在進入農業市場。

現今農業中的許多工作，如播種、除草、施肥和收割，都是由具有專業技術的農家完成。這種過去屬於勞力密集型的工作現在正被轉化為數據資料，並使之更加效率化。

在自動化方面，無人機（drone）將在噴灑殺蟲劑和灑水作業中大大地活躍。如果無人機配備了人工智慧，將能自動工作，無需人工作業，這將進一步降低生產成本。而透過分析獲得的數據，我們將能夠更有效地收穫農產品。

　　在 GAFA 中，我最看好能進入農業領域的主要候選人是亞馬遜。這是因為亞馬遜名下已經有一間名為 Amazon Basics 的 [21] 自有品牌（private brand）。可以想像 Amazon Basics 未來將農產品加入其商品陣容。

　　亞馬遜牛奶、亞馬遜草莓、亞馬遜哈密瓜等等。產品實際上可能是與農民合作產出的，但這正是一種集團公司。而且 GAFA 很有可能將那些固守農業的小型農業公司逼入這種境地。

　　亞馬遜在 2017 年收購了全食超市（Whole Foods Market），這是一家銷售高級食材的連鎖超市。這意味著亞馬遜清楚了解每個地區的食材需求。在對哈密瓜需求量大的地區，亞馬遜可以用類似上述草莓工廠的方式打造哈密瓜工廠。我們可以設想到亞馬遜未來會推出這樣的戰略。

　　另一家對未來農業採取獨特手段的公司是日本的小松製作所（KOMATSU）。 準確地說，它是屬於林業領域。從小松製作所在山上砍樹的那一刻起，他們用安裝在伐木設備上的相機掃描木材的狀況，並將數據迅速上傳到雲端。小松製作所開發了一個系統，透過分析數據，可以立即知道那棵樹在市場上會

---

21 Amazon Basics 是主要販售日常生活用品的亞馬遜自有品牌。

賣多少錢。他們目前正在實際使用這個系統。

換句話說，價格在砍樹的那一刻就決定好了。我認為這可能是未來第一級產業的最終形式之一，如農業等等。

以漁業為例，在捕到魚的那一刻，魚將被安裝在船上的相機或其他設備分析，並當場知道價格。如果這樣的未來成為現實，軟體和人工智慧將能夠取代築地等市場裡眼光精準的中間商。

此外，該軟體將能夠自動顯示已經採收一段時間的農產品的新鮮度。雖然目前已經有產品從生產者直接出貨給消費者或零售商的潮流，但科技將會使這股潮流加快進行。

急劇變化的產業④

資訊安全——在新冠疫情之後加速進行的遠端工作潮

　　資訊安全的趨勢正在發生變化。正確來說，傳統資安方法已不足以應對目前的情況。例如，以前防毒軟體一直是資安的主流。防毒軟體的機制是將被認為是病毒的檔案標記為黑名單。當黑名單上的檔案試圖侵入電腦時，就會發出警報。

　　換句話說，不在黑名單上、變化過的病毒會被忽略。事實上，據說有多達 70% 的病毒可以順利通過防毒軟體檢測。

　　另一個是 VPN（虛擬私人網路）帶來的資安問題。與其使用防毒軟體來保護公司資訊，可以在其他地方建立一個與公司同樣安全的虛擬網路環境。這個想法是出自為了保護該網路（network）免受病毒攻擊。故即使你身處家中，只要位於 VPN 範圍內，資安就能得到保障。

　　由於受到新冠疫情的影響，遠端工作的人越來越多，肯定有很多人被公司告知要設定 VPN。

　　但問題就是出在 VPN 上。如果 VPN 範圍內的設備本身感

染了電腦病毒，則 VPN 就不安全。遠端工作人數的迅速增加使得許多問題暴露出來：像是帳號不足；或是更初級的問題：缺乏安全的公司電腦。

事實上，用防毒軟體和 VPN 構建的安全網往往會被攻破；例如本田、索尼、三菱電機和日本防衛省[22] 相關企業。其中有許多公司甚至為此登上新聞版面。

更大的問題是，如果使用傳統的資安防護方法，可能需要幾天甚至幾個月的時間才會發現受害。那是因為公司方沒有發覺正在受攻擊。在這段期間內，損害已經蔓延。等到公司發現被攻擊後，開始急忙成立安全小組，用人力檢查損失情況，例如打電話給各部門確認。如果採取這樣的對策，在發現受害到確認損失這段期間內，損害仍會繼續擴散。

為了應付這種情況，資安產業有一動向是採用全新的資安防護手法。這股全新的資安趨勢是由我先前提過的公司，CrowdStrike 開始發展的。他們正在打造不需使用 VPN 的資安防護方法，並且正在大幅改變資安產業和人們的生活。

---

22 日本政府部門之一，主要掌管國防相關事務。相當於我國的國防部。

急劇變化的產業⑤

交通運輸——自動駕駛計程車破壞了 Uber 的共乘汽車生意

● 關鍵字是「自動駕駛」

GAFA 也正在向交通運輸產業擴展，利用人工智慧技術，關鍵字是自動駕駛。其中我對「自動駕駛計程車」特別感興趣。根據一項估計顯示，世界上有高達 95% 的汽車平常沒有開上路，而是停在車庫裡。換句話說，這是相當無用且浪費的。因此我們可以利用自動駕駛科技，將這些車輛閒置的時間作為計程車使用。這就是自動駕駛計程車的意義所在。

從成本的角度來看，自動駕駛計程車的優點也是非常明顯的。就人類駕駛的計程車來說，據說約 70% 的車資是花在人事成本上。如果由機器人進行自動駕駛，這樣的人事成本將會減少。所以在目的地相同時，過去車資需要 700 日圓，現在只需約 200 日圓即可。解決閒置車輛的浪費以及車資大幅降低，在這兩個因素的結合之下，意味著自動駕駛計程車在未來可能變得非常普及。

這股趨勢從 GAFA 的動向也可以明顯看得出來。第一個行動做出行動的是特斯拉。特斯拉本來就是一家汽車製造商，所以具有「已售出的車輛」和「既有客戶」，這兩個強大的管道。

而谷歌正在透過旗下一間名為 Waymo 的公司來做這件事。他們目前提供的不是自動駕駛計程車服務，而是有工作人員同行的自動駕駛服務。但 Waymo 已經開始提供機場接送服務。

亞馬遜則是在 2020 年 6 月 20 日收購了一間名為 Zoox 的新創公司，正在加強攻勢。Zoox 由於新冠病毒的影響，已經停止開發。該公司的市值曾為 3000 億日圓左右，現在已經降到約 1000 億左右。亞馬遜正在對交通運輸產業虎視眈眈，他們應該認為這是一次很划算的收購。

亞馬遜未來應該也會將自動駕駛技術導入自身的物流事業中。不僅是自動駕駛卡車，還有無人機。亞馬遜身為物流業界先驅，透過將自動化引入自身服務中來降低成本，該公司將毫無疑問能夠實現更多的「客戶至上」。

物流業不可避免地會發生事故。如果考慮到發生事故時要付給司機的賠償費用，自動化和無人操作將會是一個很大的優勢。更重要的是，亞馬遜可能不會止步於此。我相信他們將利

用從自身物流事業自動化中獲得的知識，擴展到其他事業，例如自動駕駛計程車。

至於蘋果公司也不落人後。根據新聞報導，他們已經暫停相關汽車的研發。雖然他們一直沒有正式宣布，但據說他們研發的重點不是在汽車，而是放在自動駕駛技術上。在加州，進行自動駕駛實驗時需要事先取得許可證。只是蘋果公司具體到底想做什麼？打算提供什麼樣的服務？目前狀況尚未明朗。

也許蘋果公司這樣做是一種事前防衛措施，因為其他 GAFA 正在想辦法跨入自動駕駛領域。又或者他們將其看作是一個新的事業來源（business source）。其中我的想法是，蘋果公司將此定位為一項實驗，用以實現他們認為的最佳交通工具。

有一家公司已經具體展現出了全新交通工具的理念，那就是索尼。索尼擁有高品質的相機感應器系統，並在 2020 年 1 月發表了「VISION-S」，一款大量運用自家感應器系統的電動車。

對其他產業的人來說，汽車產業以及相關的娛樂產業具有相當大的潛力。我們未來可能會持續見到更多來自其他產業的公司，試圖進入這塊市場。我認為這是一個明智的決定。

一旦自動駕駛計程車成為普遍現象，由人類駕駛的共乘汽

車將逐漸失去意義。Uber 和其他共乘事業的公司對此非常警戒。這就是為什麼 Uber 正在急於開發自家的自動駕駛計程車。然而在先進國家中，Uber 的共乘汽車服務已經很普遍。而日本對 Uber 能否進入共乘汽車事業仍有非常大的爭議，落後於世界其他國家。

但等在 Uber 前的不僅是自動駕駛計程車，還有新冠病毒。在共乘汽車正在普及時，新冠疫情爆發，不知道有誰坐過的共乘汽車是很危險的。更別說 Uber 司機並非專業計程車司機，只是普通人。Uber 司機是否能做到徹底消毒讓人存疑。在這次新冠疫情下，不僅是 Uber，其他共享服務也受到嚴重打擊。

這聽起來可能很矛盾，但我覺得從其他角度來看，新冠病毒的問題並不是那麼大。這是因為只要經過適當的清潔和消毒，即可解決病毒帶來的影響。一旦自動駕駛計程車有了自動消毒功能等服務，即使我們進入與病毒共存的時代，自動駕駛計程車也將會獲得巨大的成功。

• 汽車製造商將被淘汰

　　未來如果 Uber 被淘汰，自動駕駛計程車普及，那汽車的數量將會比現在少很多。用先前提過的 95％汽車是閒置的數據來換算，大概只需要目前的 20 分之 1 就夠了。簡單來看，過去汽車製造商每年約生產 100 萬輛汽車，這個數量將驟降至 5 萬輛；所以汽車製造商將被迫合併或縮減規模。

　　這就是為什麼一些汽車製造商正在跨足自動駕駛計程車領域，例如美國的通用汽車（General Motors）。汽車產業大概從 2010 年左右開始，長期以來一直有一種危機感：一旦自動駕駛技術成熟，汽車製造商就會完蛋。此外通用汽車曾因雷曼風暴（Lehman shock）經歷過公司破產。故儘管通用汽車是一間傳統的大企業，還是對此採取了行動。

　　他們收購了一家名為 Cruise 的公司，它是由一位出色的麻省理工學院畢業生創立的。收購當時 Cruise 幾乎是 0 收入的狀態。有一些批評認為，向這樣的公司投資 1000 億日圓是很愚蠢的行為。但可以從此事明顯看出，通用汽車有著強烈的危機感。

　　收購事件以後，通用汽車目前正在開發自動駕駛計程車專用車款，即通用汽車「Cruise Origin」。他們已在 2020 年 2 月

公開發表此車款，並且一併向媒體發出了新聞稿。根據該新聞稿，通用汽車將於2020年在舊金山推出自動駕駛計程車服務，另外也將在2020年內大規模量產此車款。然而以目前的情況來看，能否及時推出服務成了一個很大的疑問。

至於該車款的售價，如果將開發成本考慮進去，在達到大規模生產前，一輛可能要價4000~5000萬日圓。雖然與普通汽車相比可說是價格高昂，但如果用前述的20之1來算，則是200萬~250萬日圓，大概落在一般常見汽車的水準。不過當然它的工作量將會是傳統汽車的20倍。

日本的本田汽車已經投資了通用汽車，並正在共同開發車體。本田汽車與通用汽車一樣，對這即將出現在日本的業界重大改革抱有危機感。本田汽車與通用汽車的合作是一種面對即將到來危機的回應。

不管怎麼說，GAFA都正將自動駕駛技術當作武器，對汽車產業掀起重大改革。錯過這波浪潮的守舊汽車製造商不是被淘汰，就是將被GAFA吞併。這樣的佈局將是未來的趨勢。

急劇變化的產業⑥

建築——亞馬遜將目標瞄準智慧家庭

　　目前建築業界尚未突破產業壁壘。然而由於過度競爭，獲利率有可能會進一步降低。在利潤下降的狀況下，將會有企業採取行動（改革）。而我們也可以實際看到這樣的行動。

　　改革的第一個關鍵是數據資料。建築業目前仍依賴大量的人力作業，而這些作業無法被轉化為數據。而他們現在也仍將設計圖畫在紙上，工程管理流程中也普遍使用紙張。只要透過使用數據來追蹤建築材料，即可以提高效率，增加利潤。

　　第二個關鍵是改用無人或自動化操作，意即使用機器人來代替人類。如果可將過去由人類操作的起重機轉為自動化，那麼機器便可以一天24小時運作，不需要人力。

　　我相信只要能達到這兩點，未來很有可能將建築工程成本壓低到目前的100分之1。而有能力實現這樣一個未來的建築工地，自然將與今天的工地有所不同。

　　日本的大型建築公司為了實現這種未來，正在矽谷進行各

種實驗。他們邀請了擅長建築領域的知名風險投資公司一起合作，其中已有了成功的案例。那家大型建築公司就是前面提過的小松製作所（KOMATSU）。小松製作所已與一家名為 Skycatch 的矽谷新創公司合作，利用無人機提高測量效率。

過去路堤填土量的測量都是由熟練的工匠完成的。但由於只是填土，所以沒有辦法準確測量份量。這就是為何過去習慣用人眼測量。現在我們可以操縱配備相機的無人機來分析圖像。無人機除了比人眼更準確，速度也更快，不需要花費過去這項作業所需的時間和人力。

小松製作所也已經在實行無人操作。他們已開發出一個獨特的系統，不僅可以讓傾卸卡車在工地內進行無人駕駛，還可以自動找出最佳路線來延長輪胎的使用壽命的。

而小松製作所正在研究的是挖土機的自動化和無人操作。雖然這部分目前仍處於發展階段，但 2025 年時將可能實現一部份的目標。小松製作所的挖土機除了簡單的自動前進以外，還配備了人工智慧，可以依據土壤的特性和形狀調整挖掘方法。像這樣能夠熟練操作機具的駕駛技術，未來將搭載在挖土機上。不過現在人工智慧仍在學習中。

　　像小松製作所這樣的硬體公司，與矽谷的軟體公司進行合作或收購是相當罕見的。那為什麼小松製作所要冒著風險這樣做？在 2002 年左右，小松製作所的市場曾被來自美國的競爭對手開拓重工（Caterpillar Inc.，簡稱 CAT）奪走。小松製作所當時歷經的危機感，帶來了我們現在看到的冒險精神和心態。這種精神和心態讓他們不在意產業壁壘，開始積極行動。

　　其他產業的公司願意跨足建築產業的意願很低，尤其是 GAFA，因為利潤太低。 新冠病毒導致施工中斷也是其中一大原因。建築業界正處在一個非常艱難的局面。

　　但如果從獲取數據的角度來看，我認為其他產業的公司還是有可能進入建築產業。建築業本身的數據，更具體地說是房屋的數據。這個策略是將房子視為一個巨大的硬體設備，並將該硬體的資訊用於其他事業。這就是所謂的智慧家庭。

　　我相信亞馬遜正在考慮這個策略。亞馬遜旗下的公司預定在 2021 年推出「Ring AlwaysHomeCam」，這個產品可以讓使用者用小型無人機監控房子，而房子裡的所有產品都將是來自亞馬遜的商品。居民入住以後，如果想使用線上購物只能透過亞馬遜，而亞馬遜也將給予居民商品折扣 10% 等好處作為回報。這個服務的名稱是 Amazon Home。

急劇變化的產業⑦

醫療保健──蘋果健身中心的誕生

● 穿戴式裝置將持續不斷地檢查你的健康狀況

GAFA 也正在跨足醫療保健領域。關鍵字是數據雲端（data cloud）。今天你去醫院時要先填寫問診單，接下來才會開始接受檢查。但其實有很多資訊（數據）不必在每次去醫院時以手寫的方式更新。

例如，Apple Watch 這時候就能發揮很大的作用。使用者可以將平日定期測量的重要資訊記錄在 iPhone，去醫院的時候，只要把 iPhone 跟醫院的設備做連接就完成了。

這樣不僅節省時間，還可以減少記錯的風險。畢竟只要是人就容易出現記憶出錯的情況。此外透過管理累積下來的數據，便可以即時、準確地確認過去的就醫紀錄、病史和用藥情況。

谷歌已經公開宣佈跨足醫療保健領域，但蘋果公司不同，他們對自家的醫療領域相關事業守口如瓶。接下來雖然只是個人猜測，但我認為蘋果公司考慮到了上述未來的可能性，所以才致力於開發 Apple Watch。

　　從 Apple Watch 第 4 代開始，支援心電圖及心跳數測量功能。Apple Watch 第 6 代開始更追加了可以測量血氧濃度的功能，並取得了醫療器材的許可。而 Apple Watch 測量血氧的功能，也有助於新冠疫情期間患者監測自身的身體狀況。2020 年 9 月，Apple Watch 也取得了日本的醫療器材許可證。這意味著蘋果公司積極拓展日本醫療市場的野心。

　　至於谷歌也不甘示弱，他們宣布將於 2019 年秋季收購一家名為 Fitbit 的公司，該公司正在開發一款類似 Apple Watch 的穿戴式裝置。谷歌正在推動一項名為「Google 健康」（Google Health）的服務，像 Apple Watch 一樣測量生命徵象 [23]（vital signs），並利用獲得的數據來促進健康。

　　未來每個人都將戴著穿戴式裝置，如 Apple Watch 或 Fitbit。從這些裝置中獲得的健康數據將被用於提供醫療保健服務。這就是即將到來的未來。

　　穿戴式裝置還有其他優點，像是使用者可以不斷監測自己的健康狀況，健康狀況不佳的人將開始自發性地運動。這股趨勢之下人們也會更加關心自身健康，例如重新審視自己的飲食

---

23 生命徵象是醫學術語，是一組 4 到 6 個最重要的人體基本生理功能（維持生命）的表徵。四個主要生命徵象為：體溫、血壓、心律、呼吸速率。

習慣等等。

　　未來的醫療保健型態，對與醫療產業關係密切的保險業來說也是一個好消息。保險業擔心人們會因為有了保險，而疏於注意自身健康，最後造成生病的結果。隨著這類人的增加，保費也會變得更高。就這點來看，蘋果公司和谷歌的醫療相關服務對保險業來說有很大的幫助。因此我認為未來保險公司有可能將這些穿戴式裝置免費贈送給客戶。

　　亞馬遜在2020年已經發表了一項醫療保健相關的裝置，即智慧手環Amazon Halo。由於亞馬遜已經跨足了保險業，所以他們未來很有可能以這種方式進入醫療保健領域。而且我認為亞馬遜未來將和競爭對手一樣，將跨足穿戴式裝置的開發。

● 傳統醫療器材製造商將被淘汰出局

　　醫療資訊的雲端化並不僅限於平常的生命徵象檢查。我相信未來所有醫院的檢測設備，包括磁振造影（MRI）等設備都需要與雲端連接。我認為這一趨勢將在2025年左右開始出現。

　　假設有一個疑似罹患癌症的病人，他幾年前做過一次磁振

造影。而現在有人認為，說不定他那時就已經患有癌症。

　　如果我們能拿過去的影像和現在的影像來做對比，就能做出更可靠的診斷。雲端將是管理和提供這類影像的重要必須科技。在 2025 年的未來，人工智慧將能夠分析影像作出癌症診斷。

　　如果收集到的病人數據越多，就越能從統計數據上瞭解哪些族群容易罹患特定疾病。只要資料庫的數據足夠，就能為那些風險高的人提供預防性治療。

　　正如你所看到的，資料科學將幫助醫療保健領域更加進化。反過來說，缺乏資料科學能力的醫療機構和醫療器材製造商即將被淘汰。

　　目前只有少數磁振造影成像上傳到雲端，但在未來的醫療產業，所有的醫療儀器設備都必須連接到雲端。醫療器材製造商自然明白，這樣的未來即將到來。

　　但大多數的醫療器材製造商對數據雲端都不甚了解。這就是為什麼他們與歐洲最大的軟體公司 SAP 等公司合作，開發雲端醫療儀器設備。

　　然而，對於雲端專家蘋果公司和谷歌來說，從頭開始開發以雲端為重點的醫療器材會更快、更便宜。這與特斯拉和傳統

汽車製造商之間開發風格差異的邏輯完全相同。

　　這就是為什麼現有的傳統醫療器材製造商將被淘汰，或只能被迫幫蘋果公司和谷歌代工（Original Equipment Manufacturer，OEM）。我在此預測，這樣的未來將會來臨。

　　而未來微軟也將靠著 HoloLens 跨足醫療器材市場。在一場 2019 年 2 月於歐洲舉辦的活動中，就有出現醫師們戴著 HoloLens 示範如何進行自動診斷。

　　未來醫師佩戴類似 HoloLens 的裝置將變得很普遍。當病人進入診間時，裝置將自動識別個人資訊，並同時將像是病歷等醫師診療所需的資訊，同步顯示在醫師前方。像這樣的未來將要降臨。

　　蘋果公司與其他公司的不同之處在於，他們可能會建立一家幫助促進健康的蘋果健身中心（Apple Wellness Center）。不過經營此設施的利潤很低，所以他們的目的不在賺錢。蘋果公司真正目的是展示自家的世界觀。事實上，他們已經發表了專為 Apple Watch 量身打造的健身訓練體驗服務 Apple Fitness+。蘋果公司計畫於 2022 年在位於美國德州奧斯汀（Austin）的新大樓中開設一家酒店，這間酒店目前還在建造中。本著這種精

神，他們將會盡可能提供房客自家的醫療保健技術和服務。未來有極大的可能會出現這樣的蘋果健身中心。

急劇變化的產業⑧

物流——司機直接將包裹送進你家冰箱中

亞馬遜將在物流業中獨佔鰲頭。正如我前面提到的，亞馬遜的願景是客戶至上。 對貝佐斯來說，產業壁壘只是件小事。

實際上正如前面經常提到的，亞馬遜已經開始提供各式各樣的服務。

亞馬遜最初將物流外包給聯邦快遞（FedEx）等專門從事快遞業的公司。聯邦快遞是世界上最大的物流公司之一，業務遍及全球，並擁有公司專用的大型噴射機。

然而這些快遞公司提供的服務並不理想，尤其是在美國。例如包裹竟然是用扔的，或是包裹無法按時送抵客人手中，與亞馬遜的客戶至上的做法相差甚遠；所以亞馬遜決定自己來做物流，這樣包裹就能更快、更正確地抵達目的地。

亞馬遜逐漸擴大類似 Amazon Prime 的服務，只要在網上訂購商品，第二天就能送達。他們也跟聯邦快遞一樣，部署了送

貨專用的噴射機（Amazon Air）。而在美國，除了噴射機以外，亞馬遜還有提供另一項「Amazon Prime Air」的服務：就是使用無人機進行最後一哩路（last one mile）的運送。亞馬遜已經整頓好了自己的配送網路，並提供以客戶為中心的物流服務。

　　亞馬遜的過人之處在於，就算他們已經採用了噴射機和無人機，仍舊想再更進一步。為了提高服務品質，亞馬遜目前正在推出一項實驗性服務，即讓送貨人員擁有客戶住宅的數位鑰匙。

　　這項服務比日本的快遞箱[24]更先進。如果可以把自家的快遞箱鑰匙寄放在送貨員處，那自家鑰匙照理說也沒問題。而像是需要冷藏或冷凍的商品，如果送貨員可以進入客戶家中並把商品放進冰箱裡，這不正是客戶感到會高興的事嗎？未來只要在亞馬遜訂購商品，也許就可以獲得如此親切又細心的物流服務。

　　由於亞馬遜提高了他們在物流方面的服務品質，谷歌也感受到了威脅。谷歌試著透過整合部分服務，如谷歌購物（Google

---

24 日本一些比較新的大樓皆設有快遞箱，外觀類似車站的寄物櫃，讓住戶可以自行收取或寄送包裹，不需要跟管理員或送貨員直接接觸。

Shopping）和谷歌快遞（Google Express）來提高物流的服務品質。但因為谷歌賣的是其他零售企業的產品，所以他們做的不過是將零售商品快遞到客戶手中罷了；所以即使谷歌努力與亞馬遜競爭，目前仍陷入了困境。另一方面亞馬遜則是包辦了從零售到物流、快遞的一切事務。只要實際使用就會了解，亞馬遜對消費者來說具有壓倒性的優勢。

　　這種情況會造成消費者變得只用亞馬遜。聯邦快遞受到電子商務蓬勃發展的影響，現在看來聲勢不錯，但沒有人知道他們未來是否能繼續保有競爭優勢。因此我認為未來亞馬遜將成為物流業的中心所在。

第三章

11家公司創造的大趨勢②

未來重點不在硬體或軟體，而在「體驗」

即使利潤是 0 也沒關係，
Apple Card 帶來的衝擊

A 公司是一家硬體公司，B 公司是一家軟體公司，而 C 公司是一家提供服務公司（服務業）。這些很久以前劃分的產業類別和壁壘將不再具任何意義，因為未來需要同時支配硬體、軟體和服務這三個領域。

換句話說，只專精其中一個領域的公司將被像 GAFA 這樣的集團公司併吞。

正如「軟體優先」一詞所述，「軟體」主導了近來的世界趨勢。然而美國已經向前邁進了一步。也就是在硬體和軟體的基礎上，能為客戶提供什麼樣的價值？ 換句話說，就是「體驗」。而這種服務（體驗）已經成為革命的原點。

以亞馬遜為例，他們打造了名為 Amazon Echo 的硬體裝置，開發了名為 Alexa 的軟體，並提供名為 AWS 的雲端服務。除此之外，亞馬遜甚至還負責自家的物流。 他們在物流方面有一個計畫，就是希望透過類似 Amazon Prime 的系統來贏得客戶的心。換句話說，亞馬遜之所以強大，是因為他們提供了符合亞馬遜

標準的服務或體驗，並同時控制了硬體、軟體和服務的三個領域。

正如我前面提到的，對他們來說硬體只是一個外盒。重要的是該如何透過該外盒與客戶建立關係。

在未來的世界裡，企業的成功或失敗將取決於是否能控制這三個領域，並為使用者提供他們想要的體驗。

隨著體驗成為商業的基礎，未來公司將專注在如何更新自家的服務，以及提供更好的服務。這方面有一個絕佳的例子是SaaS（Software as a Service，軟體即服務），向使用者提供客製化應用程式的雲端服務。

GAFA 利用 SaaS 做了什麼？他們掌握哪些功能是使用者經常使用或幾乎不用的，像是幾乎沒有人使用或收到不少客訴的功能，並加以改進。他們不斷提供更好的價值和體驗。

SaaS 對使用者來說也有非常大的好處。過去必須支付很多錢來購買軟體，但現在可以用更少的錢獲得相同的服務。如果覺得不合適，也能夠輕易地解約。

換句話說，使用 SaaS 的客戶就是對服務感到滿意。這樣能讓服務品質變得更好。

在體驗成為軸心的過程中，還有一個重點我想談一談。即未來不再需要從提供的服務中獲取利潤。以蘋果公司為例，正如我之前提到的，他們提供 Apple Card 服務，是因為蘋果公司想讓 iPhone 使用者離不開蘋果公司生態圈。

也就是說，蘋果公司認為他們只需從 iPhone 賺錢即可。Apple Card 事業只不過是為使用者提供更好體驗的一個策略。除此之外，Apple Card 也是一個收集數據的工具，以及與客戶之間的接觸點。

簡單來說，蘋果公司從 Apple Card 事業中獲得的利潤可能是 0，但他們並不在乎這點。這就是信用卡公司未來可能被 GAFA 吞併的一部分原因。

他們不在意硬體、軟體、服務，甚至產業壁壘。重要的是顧客滿意度。具有這種心態的公司將在未來勝出。

「賣不好」不再是失敗

在某項特定事業中，零利潤甚至虧損都是可以被接受的。這種想法也意味著，即使推出的產品或服務賣不好，也不算是失敗。

亞馬遜推出了一個又一個的新裝置，但他們的想法是這樣的：「即使裝置賣不好，如果我們能因此獲得一些客戶數據也是好的」或者「如果裝置能讓人們因此加入 Amazon Prime 服務也好」。換句話說，只要使用者加入 Amazon Prime 就會產生利潤，所以亞馬遜透過電商銷售的產品打 9 折也無所謂。這讓亞馬遜得以做到其他電子商務網站做不到的事。以其他電子商務網站的角度來看，無法提供會出現虧損的價格。

而亞馬遜似乎正在加速這類操作，這點從他們之前推出的 Fire Phone 即可看出端倪。亞馬遜於 2014 年推出一款智慧型手機「Fire Phone」，但這款 Fire Phone 的銷量一點都不好。

然而 Fire Phone 能夠捕捉到客戶的反應，亞馬遜可將這些反應與經驗納入下一個產品。這促使亞馬遜自從 Fire Phone 以後，開始推出一個又一個新裝置。

在智慧音箱方面，亞馬遜擁有非常多樣化的產品。像是有些型號配有螢幕，有些型號可以使用插座供電，還有一些可以跟燈泡連接。

這些多樣化的產品中只有少數會大賣，但亞馬遜認為這也沒關係。如果一個產品推出後不受歡迎，對他們來說只要有得到數據就可以撤退。亞馬遜推出的產品約有 70% 到 80% 都不會成為熱門商品，可能很快就會消失。然而，哪怕只有 20% 或 30% 的產品成為熱門商品，亞馬遜也會很高興地繼續挑戰。

與其花費巨額資金進行研究開發，以創造單一的高性能硬體裝置，他們明白現在需要採取的策略是快速發表新裝置。

我們在蘋果公司也可以看到類似的趨勢。蘋果公司本來在硬體方面就一直很強，他們最近在發展事業時有開始注重軟體和服務，像是 Apple One 訂閱服務和 Apple Card 就是最好的例子。

雖然蘋果公司不像亞馬遜那樣極端，但我認為他們也有可能會推出新的裝置。新裝置是為了獲取更佳數據的墊腳石，如有需要隨時可捨棄。

　　以醫療保健領域為例，Apple Watch 就是他們的第一件硬體裝置。但如果技術發展到可以從使用者家中的其他裝置獲得重要數據，他們就不再需要 Apple Watch 了。

　　雖然蘋果公司擁有 iPhone 這項純粹的硬體裝置，但他們的願景是改善消費者的生活，所以他們將不拘泥於 iPhone，繼續提供包含裝置的各式服務。據說正在開發中的 Apple Glass 可說恰是這個願景的證明。

為什麼智慧型手機的合約一次要簽兩年？

過往的商業模式一直是開發讓使用者得以長期使用的高性能硬體裝置，包括消費電子、汽車、智慧型手機和電腦等所有的領域皆是如此。

這樣的商業模式已經 明日本，特別是日本強大的製造業，為世界創造了價值。 以前日本的家電產品和電腦在世界各地都很暢銷，這個事實就證明了這一點。

事實上日本的硬體裝置非常優秀，也許現在還有搭載 Windows 95 作業系統的電腦仍在服役中。日本的汽車也是如此，即使是幾十年前的款式，只要做好日常保養也能發揮作用。

我認為這些是日本值得誇耀的技術力。然而以我們現在每天都在使用的硬體裝置，像是智慧型手機、電腦等來說，新舊型號的好用程度有如天壤之別，很少有人會使用過去的裝置。

尤其年輕人對這類趨勢很敏感，所以我相信從前那股長期使用高性能硬體裝置的趨勢會在未來的某個時間點被打破。

帶來這一趨勢變化的催化劑是網路。大約是在西元 1997 年

左右，線路從 ISDN 改成 ADSL，然後又變成光纖。而到了現在，不僅有 Wi-Fi，甚至連 5G 都出來了。

隨著高速網路的普及，現在不必去店頭更新軟體，在自家就可以進行更新。

另一方面，硬體則無法線上更新，而是需要更換實體。那是因為硬體搭載的半導體需要更換成最新版本。故更換硬體裝置的週期將不可避免地變得越來越短，而且此一趨勢將繼續下去。

智慧型手機合約以兩年為單位的事實也反映出了這種趨勢。很久以前可以三年換一次手機，而且手機在期間內也大致堪用。但對於不斷進行軟體更新的智慧型手機而言，三年實在太久了。

首先，在過去日本的翻蓋（摺疊）手機時代，增加新功能和更新軟體的概念幾乎是不存在的。

而那些手機也是電信商和製造商討論後生產出來的產品。但蘋果公司的 iPhone 和 Apple Store 顛覆了日本這個封閉的手機世界。

許多初次拿起 iPhone 的人會驚訝地發現，他們本來以為跟過去翻蓋手機差不多的東西，實際上是一台小型電腦。既然是

電腦，自然會需要安裝軟體和更新。 儘管智慧型手機外觀和稱呼都和翻蓋手機很像，但實際上是一個全新的裝置。

有一個小故事可以說明當時的情況。那時日本某家電視台主播報導 iPhone 發售新聞時是這麼解釋的：「雖然這是一台手機，但你可以用瀏覽網站、觀看影片，還能聽音樂。」對趨勢敏感並瞭解科技的軟銀社長孫正義的評論是：「這是一台掌心電腦。」

而隨著雲端的興起，軟體更新變得更加頻繁，導致更換硬體裝置的週期更加縮短。

也就是說智慧型手機的兩年合約代表著「續約時請將硬體或半導體更新到最新版本」的含意。

換句話說，就是硬體裝置用兩年就該換了。這意思並不是手機品質變差，但未來已經不需要可以持續使用五年或十年以上的產品。

相反地，未來需要的是價格便宜，但必須讓使用者在 2 年內能正常使用的產品。 同時在這段期間內，使用者可以隨時使用 Apple Store 來獲得最新的功能和體驗。 隨著軟體價值不斷增長，只注重硬體性能的製造商將被淘汰出局。

能輕鬆上網，還能一直更新軟體的硬體裝置。這是未來手機必備的特徵之一。

這股潮流並不僅限於個人電腦和智慧型手機，也適用於汽車。而 GAFA 正在開發的正是這樣的裝置。在 2025 年及其後的未來，這一趨勢將繼續增長。

五年後，個人電腦將不再是唯一的主要裝置

到了2025年時，個人電腦（Personal Computer，PC）將可能不再是主要裝置。其實不用到2025年，光以現在來說，個人電腦銷售的成長已經放緩。

首先第一個問題，為什麼我們需要如此依賴電腦鍵盤？簡單一句話，主要是因為我們已經習慣了。我們現在不過是傳承過去打字機時代留下來的遺產。鍵盤的排列順序也是在打字機時代發明的，對那些熟悉打字機的人來說當然很容易使用。但我們需要思考的是，「用鍵盤打字」這個行為，和鍵盤的排列次序，是否是未來的最佳選擇？現在有些年輕人用鍵盤軟體比用實體鍵盤的速度更快，而且也有公司正在研究諸如語音輸入和腦波輸入，像是馬斯克旗下的「Neuralink」就是一間研究腦波技術的公司。

讓我們來試想一下，現有的個人電腦將會如何沒落？

首先，大螢幕和鍵盤在未來一段時間內將繼續被沿用下去。因為許多人已經用習慣大螢幕和鍵盤，即使它們不是最佳選擇，

仍會被持續使用一段時間。

　　至於個人電腦方面，未來不再需要高性能電腦。因為對使用者來說，智慧型手機已經足夠了。這就是為什麼市場上會出現可以連結智慧型手機的電腦，這樣智慧型手機的螢幕和操作就可以透過原本使用的螢幕和鍵盤。這樣的電腦已經在日本市場上實際出現了。

　　在下一階段中，Apple Watch 和其他裝置將具有能與智慧型手機匹敵的性能，人們將不再需要智慧型手機。這個階段的裝置變化和趨勢，則很有可能會出現一些嶄新的裝置，就像過去從翻蓋手機進化到智慧型手機。就我個人而言，我認為看智慧型手機螢幕或打字太費工夫，所以我希望未來能看到眼鏡型裝置的發展，比如微軟的 HoloLens。

　　未來你可以戴上一個眼鏡型裝置，在你面前的 MR 空間裡，做現在智慧型手機上做的所有事情，不需要用鍵盤打任何字。

　　需要記住的是，硬體和軟體的性能好壞與否，並非根本的問題。

　　硬體畢竟是一種裝置，所以仍有一些地方需要重視，例如它的外觀和手感。但更重要的是使用上是否方便？軟體的體驗

才是最重要的。

此外，由於體驗是透過使用者的回饋才得以改善，使用網路進行更新將是必備條件。

目前已經可以看出這類的跡象，像是電腦價格越來越便宜就是證明。谷歌 Chromebook 的價格約落在 2 萬～ 3 萬日圓之間。使用者需要的只是一個可以連接網路的裝置，並搭載可以處理高速通信的半導體，Chromebook 就是如此。削減其他不需要的功能後，Chromebook 才得以用如此低價販售。

汽車每兩個月性能就會提升

特斯拉的電動車是一個很好的例子。它可以透過網路連接雲端，約每兩個月更新一次軟體，增加新功能。而每一次更新都會讓車子的表現越來越好。

降低電池耗電速度、減少充電次數、加強剎車性能等等。車輛只要更新軟體，就能輕易提升品質，這是過去汽油車辦不到的事。

我認為未來所有的汽車都會像特斯拉一樣，反過來說，那些無法連網、無法更新的汽車在未來會被淘汰。

問題不僅出在軟體更新上，特斯拉甚至還會定期更換硬體和半導體。在未來，自動駕駛將變得很普遍。但由於自動駕駛技術尚未成熟，未來還會繼續進化，半導體將無法承受數年後的最新自動駕駛技術。

然而跟個人電腦和智慧型手機比起來，汽車是相當昂貴的，故更換全部硬體，也就是車輛本身是件相當困難的事。因此特斯拉只更換與自動駕駛技術相關的電腦。這是一項只有特斯拉才辦的到的服務。因為他們的想法是「在電腦上加裝車輪」，

重點在電腦上，所以這對使用者來說是一項高價值的服務。

　　縱觀特斯拉的發展歷史，我認為他們不認為自己是一家汽車製造商。在我看來，特斯拉發展的事業打從一開始就與傳統汽車製造商不同，所以他們也理所當然地不認為自己是汽車製造商。

　　要如何才能使客戶舒適地乘車？不論軟、硬體好壞，重點是該怎麼提供客戶愉悅的使用體驗？正是因為特斯拉將重點放在這兩點上，所以他們才會提供許多與汽車性能沒有具體關係的服務。

　　不只是特斯拉，連鎖披薩業者必勝客（Pizza Hut）和豐田汽車正在合作開發一款可以在運行過程中自動烘烤披薩的汽車。如果成功的話，不僅能提升披薩的外送速度，而且因為是自動烘烤，也可以進一步降低人事成本。

　　如果無人駕駛普及，乘客將不再需要在意司機的存在。未來的無人駕駛計程車將可以配備車內卡拉 OK 等功能，特別是長途旅行，實現的可能性非常高。

　　過去的汽車製造商往往只注重提高車體性能，如引擎性能、座椅舒適度和操縱性等。即使在科技發展的過程中也是如此，

進化到了電動車階段，他們仍舊只關注馬達性能。

　　某些汽車製造商批評特斯拉乘坐起來並不舒適，但我認為這不是未來汽車的重點，我認為特斯拉正朝著正確的方向發展。

　　特斯拉將毫無疑問地成為汽車製造商的標杆，這點從公司市值和銷售額來看是顯而易見的。

　　當然也有一些傳統的汽車製造商，像是賓士和寶馬，正在努力開發像特斯拉一樣可以更新的車輛。那是因為他們相信這類車將成為未來標準。

　　另一方面，日本國內的汽車製造商就像之前的索尼一樣，因為原本硬體工程的存在感太強烈，導致他們錯過了這股趨勢。即使他們有既優秀又具趨勢敏銳度的軟體工程師，但由於管理階層中幾乎沒有懂軟體的人，那些優秀工程師也會感到失望而離開。這就是日本汽車製造商今日位居劣勢的原因。

　　未來所有的汽車都將會像特斯拉一樣，可以進行更新。雖然 2025 年可能尚無法完全實現，但它將是未來的趨勢。

為何特斯拉即使在「0 廣告費、0 經銷商」的情況下也能熱賣？

特斯拉與傳統汽車製造商還有另一個不同之處，那就是特斯拉幾乎沒有經銷商。 他們有展示中心，但裡頭只介紹車輛和服務，基本上只能從網路訂購。

特斯拉也不花錢做廣告。不論是雜誌或電視，你都看不到特斯拉的廣告。這是因為他們相信，建立品牌（branding）最好的方法是特斯拉使用者的動作和口耳相傳。正如我在上面提到的，好萊塢名人正一窩蜂改開特斯拉，這等於在幫他們打廣告。

從建立品牌的角度來看，我認為這項服務的設計是為了方便使用者，像是充電站和停車位都設置在容易使用的地方。

畢竟電動車無法普及的原因之一是缺乏充電站。過去這類工作一直是由政府和電力公司負責，每個人都認為那是理所當然的。

不過特斯拉一直在設置自己的充電站。他們在大型購物中心的入口處、星巴克、高速公路旁都設置了充電站。特斯拉在使用者認為方便的地方接二連三地設置了充電站。

　　他們甚至為第一批使用者提供了免費充電服務。即使在充電開始收費後，充飽電的費用也只需約 500 日圓，這比汽油車要來的便宜得多。特斯拉還有一項計畫是為停車位配備無線區域網路，這樣人們就可以在車裡舒適地觀看影片或使用其他服務。

　　特斯拉沒有廣告，也沒有經銷商，但他們非常重視、專注在與使用者的聯繫和溝通上。每當有軟體更新時，使用者一定會收到更新通知，而且他們也會定期與使用者聯繫。

　　以下是特斯拉發出軟體更新通知的例子。由於電動車怕冷，在超強寒流襲擊芝加哥前，特斯拉獲知了天氣預報資訊並準備了相對應的措施。他們開發了一個即使寒流來臨時充電速度也不會變慢的系統，並向該地區的使用者發出了建議更新系統的通知。

　　即使特斯拉沒有經銷商協助進行大保養，例如更換半導體，但他們的反應、與使用者間的溝通仍然非常順暢。像是當有使用者需要更換硬體，特斯拉就會發送通知。

　　只要使用者與特斯拉聯繫，並提供自己方便的日期和時間，特斯拉的工程技師就會準時到達使用者的住處並且當場做更換。

如果技師判斷無法當場修復，或需要做其他維修，他們也可以把車輛帶回去維修。

如果是使用者想要主動聯繫特斯拉時，聯繫方式也很獨特。特斯拉有一個像 Uber 一樣的應用程式，哪些服務據點有駐點技師即可一目瞭然。使用者只要打電話給距離最近的技師，技師將立即前往服務。

如果有代理商的話，工作人員和辦公室等硬體維護需要花費一定的費用。特別是大型汽車製造商，在某些特定情況下，代理商的權力比公司更大。所以特斯拉刪減原本花在這部分的成本和精力，並轉而將這些錢與精力用於提高使用者體驗。

對特斯拉使用者來說每次的軟體更新都令人非常期待。像我每兩個月收到更新通知時，都很興奮地迫不及待想看看這次會加入什麼新的服務。

而在軟體服務方面，特斯拉也有許多與其他汽車製造商不同的獨特服務。讓我來介紹其中幾個。

● 透過智慧型手機進行遠端操控

　　這是允許使用者用智慧型手機控制車輛的功能。即便使用者不在車內，仍舊可以像遙控器一樣控制汽車。而且這不僅只能發動引擎，使用者還能用手機開關窗戶和空調。因為特斯拉具有自動駕駛功能，所以雨天時可以直接讓車自動開到玄關前。而從使用者上車的那一刻起，車內就保持著舒適的溫度。

　　　目前該系統只能在私有範圍，如圍繞住家（建築物）周圍的私有地內使用，但未來肯定會擴展到公共道路上。

● 螢幕畫面會隨著季節變化

　　谷歌每當到了特殊節慶假日，如耶誕節或新年，就會把首頁換成迎合該節慶的特殊主題，讓使用者一起同樂。而特斯拉現在也開始提供類似的服務。

　　例如在耶誕節期間，車內螢幕可以換成聖誕節版本。而且特斯拉提供的服務還不只這樣，當使用者打方向燈時，會從原本的音效變成類似聖誕鈴鐺鐘聲。

● 寵物模式

特斯拉還有一項遠端遙控服務可以讓使用者設定空調，並能自動調節溫度。這被稱為「寵物模式」（Dog Mode），這個名字來自於美國有許多人會把他們的寵物留在車裡。盛夏時節的車內溫度會非常高，但只要有了這個功能，車內的狗狗就能在車內保持舒適。

然而如果飼主把寵物單獨留在車內，可能會被人誤認為在虐待動物。因此，當寵物模式開啟時，螢幕會顯示「寵物模式啟動中」。從車外可以清楚看到螢幕顯示的訊息，讓飼主免去被控虐待動物的疑慮。

有時會看到兒童因被留在盛夏的車內而發生不幸的新聞。美國目前的法律禁止將兒童獨留在車內，所以短時間內可能難以實現；但如果寵物模式普及化，並增加遠程監控等功能，很有可能發展成為看管兒童的服務。

• 豐富多彩的娛樂活動

　　YouTube、網飛和 Spotify 等影片串流服務也是透過軟體升級得以實現的服務。像我如果需要接送別人到機場，必須在車內等待很長一段時間時，就會使用這些影片串流服務。

　　特斯拉也提供各式各樣的遊戲。使用者可以用車內螢幕遊玩如《瑪利歐賽車》（Mario Kart）等遊戲。特斯拉最厲害之處在於，使用者可以用車上真正的方向盤、油門和 車來玩遊戲。

　　雖然這類遊戲只能在汽車靜止時遊玩，但特別是對兒童來說，能在真正的汽車中玩遊戲是非常有趣的。從傳統汽車製造商的角度來看，這可能是一項微不足道或不必要的服務。但我認為像這種勾起孩子們興趣的俏皮童心服務，也是特斯拉得到這麼多使用者支持的原因。

素食主義者其實也有任性的一面

日文裡有一句話是：「不要依賴現有的系統」。這指的是目前的制度和常識並不絕對正確，背後的涵義是對一切事物都要保持懷疑態度。

正在將這句話付諸實踐的是不可能食品公司（Impossible Foods）。過去也有公司生產過素食產品，然而他們做不出類似不可能食品公司產品那樣的質地。許多素食主義者的目的是出自於對環保、環境的關心，例如不殺害牲畜。「不吃肉」並非素食主義者的目的，但其中大部分的人為了環境願意忍受。

這些素食主義者裡頭當然也有一些人本來是喜歡吃肉的，尤其喜歡肉的口感。不可能食品公司的植物肉具有類似真正肉類的質地，讓長期無法享受到肉類口感素食主義者得到解放。不可能食品公司改變了市場的遊戲規則，打破了以往的常識。

素食主義者現在可以體驗到吃肉的口感，同時又能實現目標。不可能食品公司自然受到素食主義者的歡迎。

不可能食品公司不僅是致力於實現肉類口感，同時也是為

了解決三大社會問題：食物、環境和貧困問題。他們甚至已經
實現了 ESG[25]（永續投資）的最新社會趨勢。不可能食品公司能
夠做到這一點，正是因為他們沒有意識到傳統產業和產業壁壘
的存在。

　　目前不可能食品公司看似僅在美國本土販賣，但接下來可
能會透過合作夥伴公司進軍海外市場。

　　換句話說，我認為不可能食品公司在未來可能會改變全球
的食品產業。有些人批評這樣會使農民失去工作，但我不這麼
認為。相反地，我認為強迫農民繼續維持現有的工作，會導致
國家與農民皆不幸。

　　我認為這反而可能是未來人口爆炸導致糧食短缺問題的一
個解決方案。

　　我也認為不可能食品公司的概念跟特斯拉類似。在電動車
發展的早期階段，「電動車」僅僅是一種環保汽車的概念。電
動車不僅外觀不吸引人，行駛里程短、充電時間長，價格也比

---

25 ESG 是環境（environment）、社會（social）和公司治理（governance）的縮寫，意
　思是永續投資。

汽油車高上許多。但只要電動車是環保的，使用者就願意忍耐。

電動車就跟過往的素食一樣，是使用者為了某個特定目的，願意忍受不便。這種必要的忍耐對過去的使用者來說是再正常也不過的常識。然而，特斯拉破壞了這種常識。電動車可以看起來很酷，同時也是環保的；行駛速度也很快，並提供包括充電的全方位服務。特斯拉已經開發出了可以讓使用者獲得滿意體驗的電動車。

現實中有很多產品、服務與使用者及市場基本需求脫節的例子，因為那些公司被產業或領域的慣例和定型觀念所束縛。

像日本前陣子決定超市提供的塑膠袋要開始收費也是一個類似的例子。問題是公司現在致力的事業或提供的服務是否符合使用者的需求。接下來那些注重體驗而非硬體或軟體的公司將創造未來。

Zoom 的使用者人數在新冠疫情爆發 20 天內暴增了 1 億

對於創造未來世界的公司來說，硬體和軟體只是為了達到目的的一種手段。重要的是如何理解客戶的需求，並提供符合客戶需求的服務。

當談到這個問題時，我經常提起鑽頭的故事。顧客想要的其實不是鑽頭，他們買鑽頭是為了鑽孔。幫顧客解決鑽孔問題，才是真正滿足使用者的需求。

因新冠疫情而受惠的 Zoom，就是掌握客戶需求、達到成長目標的公司之一。我所屬的 DNX 風險投資公司前陣子舉辦了一場活動，邀請到了 Zoom 的執行長袁征（Eric Yuan）前來演講。他談的正是這件事。

袁征是這樣說的：「我們的目標是協助人與人之間的溝通」。

袁征最初是在美國的思科 Webex（Cisco Webex）公司擔任工程師，該公司跟 Zoom 一樣，致力於開發視訊會議應用程式。然而在一段時間後，他開始意識到思科 Webex 已經發展到極限。他清楚了解，如果繼續留在思科的平臺做開發，將永遠無法創

造出真正讓使用者滿意的服務。以上就是袁征創立 Zoom 的過程。

Zoom 不需要註冊也能使用，而且在手機等行動裝置上運行良好。使用者可以輕鬆地在任何地方使用，而且同樣流暢。而提供類似服務的公司，如思科 WebEx 和 Skype，在開始使用前須要做許多事前準備，像是需要註冊新帳號和設定等。簡單來說，這些對使用者來說就是件麻煩事。

而 Zoom 不會佔用太多電腦資源，這也是大受使用者歡迎的其中一個原因。 隨著最近新冠疫情導致遠距工作人數大增，Zoom 的使用者人數也跟著迅速增加（圖 1）。高峰期的使用者人數（包含重複的使用者）在 20 天內甚至暴增了 1 億，據說目前的使用者總數已超過 3 億。與對手相比，Zoom 的使用率是壓倒性的勝利。而公司的總市值也從原本的 2 兆增加為 7 倍的 14 兆日圓，超過了老牌公司 IBM 的市值。

以現況來說，Zoom 是很適合進行視訊對話的工具。然而，我們不知道接下來會如何發展。我認為 Zoom 正在展望更進一步的未來。

圖 1　新冠疫情下，Zoom 使用者人數與同產業其他公司的比較表

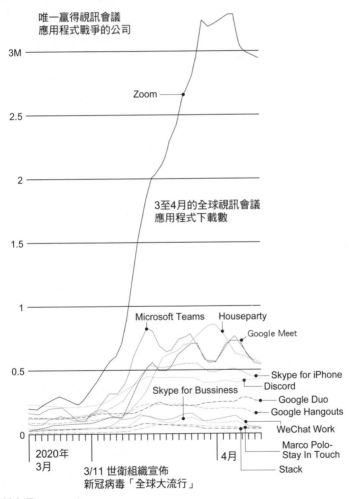

資料來源：Apptopia

Zoom 的願景是將人與人串連起來，所以我確信他們會關注 VR 和 AR 等服務的發展，並且會對類似臉書 Messenger 的服務感興趣。

換句話說，Zoom 的對手乍看之下是第 191 頁圖表中的公司，但我認為他們今後的發展應該是考慮成為提供類似臉書服務的公司。

袁征的另一個優點是，他決定從頭開發新軟體，而不是做出思科現有平臺的附加功能。他的判斷是這樣會做得更快、更好。而這也與 GAFA 在增加新服務時會積極收購類似。

如果公司目前的事業繼續這樣發展下去，未來會是什麼模樣？如果預見到不好的未來而採取行動，就不會陷入經濟學家提出的「沉沒成本」[26]（sunk cost）情況中。能夠果斷做出這類決定也是正在創造未來的公司的一個特徵。

站在臉書的角度觀察，Zoom 會成為競爭對手。但以目前的局勢來看，Zoom 也會是臉書未來需要的一項服務。臉書應該非常想將 Zoom 納入旗下。他們極有可能已經提出了收購案，我認為這是正確的策略。

只是這次疫情帶來的快速增長也提高了 Zoom 的公司價值。

臉書管理團隊可能現在正在後悔，應該早點在新冠病毒來襲前
就買下 Zoom。

---

26 指已經付出且不可收回的成本。

未來甚至不需要特地對智慧音箱「說話」

　　包含亞馬遜 Echo 在內的智慧音箱，可說是真正針對使用者體驗的裝置和服務，而不單純只是個硬體加上軟體。美國有很多人在使用智慧音箱，光是最受歡迎的亞馬遜 Echo 就已經售出超過 1 億台。這意味著大概每三個美國人中，就有一個是亞馬遜 Echo 的使用者。

　　在日本，亞馬遜 Echo 的使用者也在一點一點地增加；也就是說在 2025 年的未來，幾乎所有的音箱（喇叭）都會搭載人工智慧。未來音箱和人工智慧將裝配成套，就如同以前的手提音響兼具 CD 與錄音帶播放功能。

　　雖然目前的智慧音箱是將使用者的聲音轉換成文字，再根據這些文字做出判斷。然而在不久後的未來，我們甚至可能不需要特地對智慧音箱說話，光用手勢即可。智慧音箱會用搭載的攝影鏡頭和感應器做出判斷，就類似想調高音響音量時舉個手就好的感覺。

　　未來不只是音箱可以配備人工智慧，其他的家用電器也可以，例如像是空調和燈光。一開始使用者可以用語音或是手勢告訴智慧音箱想要多少燈光，接下來人工智慧會判斷使用者的偏好，即便使用者沒有做出進一步的指示，人工智慧也會自動將室溫和光照強度調整到最適合使用者的程度。電視音量和洗澡水溫度也同樣適用這個概念。

　　換句話說，這就像家裡有一個門房（concierge）。或者更準確地說，這就像為每個家庭成員配了一位專屬的秘書。

　　而人工智慧門房不僅能提供使用者舒適的生活環境，在其他方面也可以提供建議。像是人工智慧可以識別谷歌日曆的內容，如果它判斷使用者忘了行程，將連接到智慧音箱並播放：「今天〇點與〇〇〇有約」。

　　如果人工智慧接收到火車延誤或道路壅塞等資訊，它也可以提醒使用者提前出門；甚至也可能幫使用者找出能避開塞車路段的路線。

　　人工智慧仍在不斷進化中，其中我對 Neuralink 這間公司特別感興趣。雖然 Neuralink 可能來不及在 2025 年之前準備好，但到了 2030 年左右將有可能實現。 電腦會自動接收使用者頭腦

中的想法並且執行，這就是 Neuralink。

這是伊隆·馬斯克正在研究的技術，如果這項科技順利實現，使用者只須用想的就能開啟電視。人工智慧將可以把你腦袋中的想法勾勒出來，簡直像是科幻小說的世界成真一般。

智慧住宅與智慧城市將成為常態

電力、自來水、瓦斯等基礎設施被認為是典型的硬體設施，這些都將在未來社會發生巨大的變化。

具體而言，未來這些硬體設施將與網路連接。舉例來說，以後我們將能夠用智慧型手機來開關電燈。外出回到家時，浴缸也能準時放好熱水。在未來這些都將是稀鬆平常的事。

硬體設施與網路連接還有其他好處，像是可以降低成本。以前抄表員必須挨家挨戶地抄下用戶每月的使用量，與網路連接後再也不需要抄表員，因此費率也可以跟著降低。

基礎設施往往由國家或地方政府用納稅人的稅金來管理，所以從節省稅金的角度來看，這是一件非常有意義的事。

美國矽谷有一家名為 HOMMA 的新創公司，正致力於剛才介紹的事業。順便一提，HOMMA 的創辦人是一個名叫本間（HONMA）的日本人。

設備智慧化未來將不僅限於個人家庭，還將遍佈整個城市。這就是所謂的智慧城市。

　　過去根據不同的時間切換號誌的紅綠燈，未來將透過感應器偵測車輛和行人的存在，自動切換成紅燈或綠燈。

　　未來安裝在列車車廂內的感應器也可以判斷列車的擁擠程度，並能將擁擠程度顯示月台螢幕或手機上。這是用來避免群聚的重要資訊。

　　此外，在乘客人數少的時候可以自動減少列車班次；反之，在乘客人數多的時候能夠增加班次。在未來的社會中，這些事情不是透過人類，而是由人工智慧用感應器獲得的各項數據進行判斷。

　　而智慧城市也可以減決目前的人力資源短缺問題。例如，現在由稽查人員以人力取締車站前亂停的自行車，但隨著智慧城市的發展，未來將不再需要這些稽查人員以及前面所提的抄表員。

　　未來靠的是監視器（攝影機）和人工智慧。這些監視器將被安裝在城市的各個角落，鏡頭可以捕捉到隨意違停或實際騎乘的人臉，並透過圖像分析（image analysis）辨識該人或自行車的主人。然後就能針對這些人發出警告、罰款或其他處罰。

如果從個人隱私的角度來看，日本和美國是否能在 2025 年
實現智慧城市還是個未知數。但事實上，這類智慧城市已經在
中國的深圳等城市地區實現。

深圳的街上到處都有監視器，所有人都可以被辨識出來。
假設有人隨意穿越馬路，人工智慧將能立即特定出此人身份。

而且人工智慧還能透過廣播器當場進行警告。如果是個隨
意穿越馬路的慣犯，還可以從他的網路銀行中直接罰款。像這
類看似未來的事已經成為了現實。

美國和日本可能很難做到中國那種程度，但不管怎麼說，
過去由人眼監控的東西，將會被可以透過網路遠端檢查的裝置
和感應器所取代。開發能解決隱私問題，同時又能提供利大於
弊的服務。這樣的未來絕對是指日可待。

第四章

11家公司創造的大趨勢③

控制數據的人就能
控制未來

數據是一種「資訊的平衡」

在當今的世界，數據仍未得到充分利用。這是由於資訊不對稱和不對等，造成了大量的浪費。例如在「急劇變化的產業⑦」一節中提到的醫療保健領域。在醫院填寫問診單、醫師提問的問題等，是因為醫師和病人之間存在資訊不對稱。

如果事先獲得並分享必要的數據資料，就不會出現不對等的情況。在病人去醫院看診的那一刻，就可以直接進入正題。而後醫師會告知病人他得的是什麼病，以及應該給予什麼樣的治療或處方藥。

壽險也是同樣的道理。當保戶購買保單時，必須申報自己的健康狀況。這和前面的情況完全相同，如果雙方共用保戶的病史數據資料，就沒有填寫表格的必要。

另外還可以分享其他數據，像是保戶是否經常運動？大概多久去一次醫院？ 像這樣鋪天蓋地的訊息數量，將可以幫助壽險公司提供較低保費的服務。如前所述，這正是蘋果健身中心未來利用數據的方式。

有很多例子可以說明活用數據可以平衡資訊不對等的情況，

例如貸款和其他形式的信貸也是如此。現在保險公司是根據收入證明等文件作出決定，但問題是文件內容可能是錯誤的，或是根本不適用。

如果能向他們展示原始數據資料，如網路銀行餘額的歷史資料，或是在亞馬遜、PayPay[27] 上的購物清單等，將會更有參考價值。

二手車業界也是一個資訊不對等的代表。賣家清楚知道車子的資訊，而買家只能得知一些零散資訊，如車型、外觀和里程數等等。

也因為如此，可能會出現惡質業者隱瞞事故資訊，將事故車賣給消費者。如果這種資訊不對等的情況繼續下去，就會造成虧損的一方不願意再使用這項服務，這項服務的市場也會逐漸消失。經濟學把這種資訊不對稱造成的市場稱為檸檬市場[28]，無法活用數據的市場往往會變成檸檬市場。

---

27 日本的行動支付服務。

28 《檸檬市場：品質不確定性和市場機制》（The Market for Lemons: Quality Uncertainty and the Market Mechanism）是美國經濟學家喬治·阿克洛夫（George Arthur Akerlof）在 1970 年發表的一篇論文。題目中的檸檬是美國俚語，指在購買後才被發現品質有問題的車子；而高品質的舊車，在美國俚語中稱為桃子。這篇論文顯示，在資訊不對稱下，因為市場中的價格過低，價格機制將驅使擁有好車的賣方離開市場，形成逆選擇。最終造成市場中充滿劣質品，使市場崩潰。

　　相反地，如果每輛汽車都安裝 IoT 裝置，準確記錄了汽車里程數和發生過的事故，並且將所有資訊開放給買方，那麼市場將比現在更加活躍。在未來的世界裡，像這樣的數據使用方式將隨處可見。

　　像是之前介紹過亞馬遜或網飛等公司的個人化推薦功能，正是數據在未來世界中將如何被使用的例子。隨著使用者的各項數據被收集和共用，這些個人化推薦將變得越來越精確，讓使用者得以獲得最適合自己的資訊。而對於賣家來說，可以不用再砸大錢做廣告，即可針對最佳受眾精準投放產品或服務的廣告。這樣的未來即將來臨。

蘋果公司與谷歌的數據戰爭

大約十年前開始，數據被稱為新時代的石油。石油的意思是，第一個取得的人就是贏家。這意味著只要找到數據的其中一個接觸點，這個接觸點就是油井，其餘的數據就會像油田一樣源源不絕地湧出，不必再多花力氣。

而數據也跟石油一樣，已經成為當今社會和人們不可缺少的一部分。這是因為這些數據可用於個人化推薦功能和廣告事業上。

換句話說，如果沒有數據，做生意的效率就會很差。現在已經有越來越多可以活用數據的機會，像網路廣告（online advertising，也可稱為線上廣告）就是一個很好的例子。

瞭解數據價值的公司正急於獲取和保衛數據，就像過去爭著挖石油一般，而且這一趨勢將繼續升溫。

其中的兩大巨頭是蘋果公司和谷歌，他們都擁有行動作業系統（mobile operating system）。事實上，這兩家公司也在各種會議上宣佈了各種獲取和保衛數據的政策。

谷歌獲得的數據量可說是壓倒性的勝利，畢竟多數數據都

是透過人們的欲求，也就是「搜尋」流通的。谷歌的另一個優勢是，在全球智慧型手機市場占有八成的市佔率。

而另一邊的蘋果公司也在對數據虎視眈眈。iPhone 是蘋果公司獲取數據的主要來源， 比如說使用者從 Apple Store 下載了什麼樣的應用程式。

我認為 iPhone 還能能夠活用相當多的數據，例如透過 GPS 的位置資訊，以及經由 Apple Pay 進行的交易。然而目前在數據利用方面，谷歌和蘋果公司之間存在著相當大的差異。

谷歌將這些數據用於搜尋、橫幅廣告（banner）和影片等網路廣告上，而蘋果公司則選擇不將這些數據用在廣告。這是因為蘋果公司正將數據用於他們目前的戰略，也就是我前面提過的，為了讓你使用 iPhone。

儘管蘋果公司擁有大量的數據，但大多沒有拿來用於廣告。雖然可能是出於對隱私的考量，但我認為這是一個為了甩開對手的策略。不過我相信他們已經做好準備，隨時可以將那些數據用在廣告上。

谷歌在數據的數量上具有壓倒性優勢，蘋果公司則是在數據的品質上占優勢。這是因為購買蘋果手機的人通常收入較高。

公司想要的是年收入 200 萬日圓的 10 億人數據？還是想要年收入 1000 萬日圓以上的 2 億使用者數據？這方面的戰略和思維差異，包含之前提到的廣告問題，是我在這兩家公司的數據戰爭中關注的焦點之一。而且我認為蘋果公司目前的策略是留住那些高級品牌使用者。

　　蘋果公司和谷歌以外的公司當然也在想盡辦法獲取數據。我在前面提過，谷歌大部分的數據是透過搜尋而來的。谷歌在這方面理所當然地占優勢。如果是想要與谷歌競爭的公司，例如亞馬遜和臉書，則會讓人們直接前往自家的應用程式，並讓他們在應用程式中進行搜尋。這樣一來，這些公司就不需要透過谷歌了。這就叫做垂直搜尋（vertical search）。

　　舉例來說就像下載智慧型手機的應用程式。只要使用者利用像是亞馬遜的應用程式進行搜索和購物，谷歌就無法得到完整的數據。而當使用者下載應用程式時，可以從發行應用程式的公司那邊得到回饋獎勵。例如像透過應用程式購物可以得到比平時更高的折扣，或是獲得的點數更多等等。這些都是出自公司想要獲取數據而提供的服務。從 Mercari[29] 的動向也不難看出這一點。

---

29 日本的大型網路二手交易平台。

　　另一方面，即使谷歌和蘋果公司能夠向應用程式開發商收取 30% 的手續費，他們也不想讓使用者被開發商搶走，所以正在採取對抗措施。例如將於 2020 年 9 月最新 iPhone 作業系統（iOS14）搭載的蘋果公司的 App Clips，就是一個很好的例子。

　　App Clips 是所謂的迷你應用程式，它允許使用者在 iPhone 上使用不同應用程式的功能，卻不必實際下載這些應用程式。大多數使用者不希望下載一個他們不常用的應用程式，但如果覺得好用就會去下載。

　　換句話說，開發商可以用 App Clips 讓人們先試用應用程式，如果喜歡再下載即可。換句話說，這就是蘋果公司幫使用者準備的試用版。而對蘋果公司來說，他們可以從下載前的迷你程式狀態下獲得相關資訊。

　　還有一家公司不是以獲取數據為主軸，而是從不同的角度試圖競爭。那就是網飛。一般人對 Hulu 和亞馬遜 Prime Video 的印象是互為競爭對手，但他們關注的是一家遊戲公司。網飛未來極有可能會進入遊戲產業

　　這跟剛剛提到鑽頭的故事其實有關連：使用者會做出什麼樣的行動？使用者追求的是何種體驗？我相信這些因素將是未

來成功或失敗的關鍵分水嶺。

　　不僅限於谷歌和蘋果公司，未來的數據獲取戰爭將更加火熱。

硬體裝置只不過是為了提供體驗的一個手段

　　蘋果公司為什麼要推出 Apple Watch？這也是因為講究硬體品質的蘋果公司希望盡快從 Apple Watch 上獲得數據。他們不希望另一家公司取得先機，例如 Google 的 Google Watch（谷歌手錶）。

　　我在前面提到，iPhone 是蘋果公司從中獲取數據的根本。但如果未來出現具有 iPhone 功能的另一個裝置，蘋果公司將再也無法獲得數據。這就是為什麼蘋果公司刻意推出穿戴式裝置，如 AirPods 及 Apple Watch。

　　蘋果公司的硬體裝置很時尚、很酷，但說難聽點它不過是為了提供良好體驗和捕捉數據的一種手段罷了。而這種趨勢在未來只會越來越強盛，硬體裝置只不過是提供體驗的一種方式。

　　電視就是一個很好的例子。最初電視是播映影片，並在影片中穿插廣告。這就是電視的商業模式。然而在不久後的未來，即使同樣播映影片，但可以改經由付費方案或是銷售片中出現的衣服或包包來獲利。

換句話說，接下來的未來，將很難分辨公司是用何種手段獲益。或者更精確來說，用的是何種手段並不重要。讓手段得以發揮作用的是數據，這也讓獲取數據成為兵家必爭之地。

例如臉書沒有任何可以用來獲取數據的硬體裝置，但他們自知那是自身的弱點所在。所以他們改從臉書上的貼文和照片中獲取數據。臉書不僅將這些數據用於廣告，另外也用在電子商務上。

我認為臉書收購 Instagram 的原因是他們想留住使用者，而且也想從照片中獲得數據。他們實際上也真的在使用這些數據進行電子商務。使用者可以點擊 Instagram 照片中的一個包包或一件衣服，並且購買它，就像網飛線上商城那樣。

日本已經開始提供類似的服務。使用者只要點擊想吃或想嘗試的菜肴照片，就會進入該餐廳的預訂頁面。不只可以預約前往用餐，也可以選擇由 Uber Eats 外送到指定地址。

未來只需點擊一下，你在 Instagram 上看到的美食或時尚衣物、包包等，都可以直送到你家門口。這就是未來我們生活的世界。

臉書將收集使用者的動向數據，並向商店收取廣告費。企

業和服務間的界線將越來越模糊，最終達成集團公司化。

　　我剛才描述的臉書服務，未來網飛也可能會推出類似服務。

　　當涉及到將數據用於核心事業之外的事業時，只有兩個選擇，即電子商務或廣告（包含個人化推薦功能）。像 GAFA 這樣的公司將利用他們費盡心力收集來的數據，在電子商務和廣告領域取得更多進展。

　　但也有不少使用者，會因為認同企業的品牌形象等理由，不喜歡看到廣告。所以特別注重品牌設定的蘋果公司未來會發展出什麼樣的廣告（個人化推薦功能）？也是我著眼的一個重點。

誰握有數據的權利？

　　每當我們談論數據時，總是會出現關於「數據是屬於誰的？」之類的爭論。像谷歌從自家搜尋功能中獲得的大量數據是匿名的，谷歌擁有並能使用這些數據。許多人沒有意識到這一點，但其實這有寫在谷歌的服務條款中。

　　但在大部分時候，谷歌獲得的數據是可以免費使用的。只有一部分的情況例外，像是想在谷歌投放網路廣告時，就必須支付費用。如果你希望廣告有高度準確的資訊，你就向谷歌付費。這就是目前關於數據權利的構成。

　　臉書也擁有大量數據的權利。而且他們跟谷歌一樣，把數據用在廣告上。

　　但問題是，谷歌和臉書擁有的這些數據和權利，原本是屬於我們個人之物。這也是為什麼歐洲等地屢屢有人發起「數據是屬於我們自己的」抗議活動。

　　但谷歌對此並不以為意。因為我們今天能夠免費使用谷歌的多項便利工具，包含谷歌搜尋，就是拜谷歌得以使用所擁有的數據所賜。對谷歌來說，即使數據獲取和權利改為屬於個人，

谷歌無法像以前那樣使用數據，那麼他們提供的服務就可以開始改為付費制。目前的情況是使用者可以在隱私得到一定保障的範圍內使用該服務。

反過來說，我們生活在一個只要提供數據就能獲得產品和服務折扣的世界中。 以 Amazon Go（亞馬遜營運的無人商店）為例，亞馬遜能從攝影機和感應器等裝置中得到大量資訊，比零售店能夠獲得的數據還要多得多。只要提供數據作為交換，使用者就可以得到比其他店還要低 10% 的價格優惠。

然而上述介紹的是美國和歐洲的現況，中國的情況則有所不同。由於中國不注重個人隱私問題，政府和公司可以相對自由地使用各種數據。如果問他們「數據是屬於誰的」，也許他們會回答說，數據不屬於任何人，而是屬於中國和所有國民的。

日式旅館提供的點心會因人而異

透過資料，主要事業也能夠客製化。其中影響最大的是服務業。只消活用資料，就能為個人使用者提供最佳化服務。如果以電子商務來說就是個人化推薦功能。在現實世界中，「款待」的水準將更加升級。

以日式旅館的服務為例。比方說，有一位客人來到了旅館，老闆娘端出的第一道點心是銅鑼燒。然而那位客人並不喜歡甜食，而且因為他來自大阪，所以他很喜歡吃章魚燒。旅館可以在客人初次入住時獲得了這位客人喜歡章魚燒的資料。

然後在客人下一次入住時，老闆娘端出了剛做好的熱呼呼章魚燒作為點心，這個舉動深深地擄獲了客人的心，此後他便經常入住這家旅館。

同樣的道理也適用於餐廳。假如服務生問一個每次都點咖哩炸豬排飯的常客「你今天想吃什麼？」，客人會感到不快。日本的餐廳過去一直是提供這種服務。

盡管從過去到現在，「款待」通常只限於規模不大的個人店家才辦的到。但只要活用資料，就能隨時隨地將個人化的「款

待」提供給任何人。

　　讓我來介紹一個在大型連鎖超市沃爾瑪發生過的真實事件。他們之前收到的資訊是，要將啤酒和尿布套裝出售。這實在是一個令人難以聯想在一起的組合。

　　這個故事是這樣的：剛生小孩的一位新手媽媽要老公去超市幫忙買尿布，老公趁逛超市時，順便幫自己帶了啤酒回家。

　　對沃爾瑪來說，他們可以提供配啤酒的零食、年輕父親會喜歡的商品等等個人化推薦。這意味著沃爾瑪將能對男性客群提供更高水準的款待。

　　活用資料的另一個常見例子是冰箱。現在的冰箱只不過是一個儲存食物的箱子，讓你把食物冷藏或冷凍起來。但未來的冰箱將能夠自動分析內部儲藏了哪些食物，如果發現某種食材即將用完，還會自動上網訂購。

　　而且這還不是未來冰箱的全貌。未來冰箱將可從裡頭儲存的食物，分析使用者的健康狀況等等。而這些資訊也可用在醫療保健商品和保險方案建議上。

　　換句話說，未來的冰箱將成為一個重要的數據來源，提供各種以食物為基礎的相關服務。目前已有傳言說亞馬遜正計畫

建造這樣的一台冰箱。

除非充分了解使用者的喜好，否則將無法提供合適的款待。而了解使用者意味著必須獲取和分析數據。但如果數據沒有經過分析，只是單純地提供資訊，在某些情況下反而會適得其反；那可能會被視為一種強迫使用者接受的行為。這對網路廣告來說也是如此，強行推送的廣告可能會招致反感。

從初期開始，倘若懂得如何拿捏分寸，只要再加上數據就能達到最佳平衡。這就是數據的力量。

機票價格將以每分鐘為單位不斷浮動

　　如果你是一個經常使用亞馬遜的人，或是一個常在網上購買機票的人，可能有過這樣的經歷：票價會根據出發時間和時期而有所不同。這是一種稱為動態定價（dynamic pricing）的機制。透過活用數據，機票的動態定價是以分鐘為單位改變，而亞馬遜的動態定價則是以秒為單位變化。

　　動態定價在電子商務中已經變得相當普遍，而這股趨勢也開始進入實際世界，像是有些超市已經引入了電子標籤。

　　有了電子標籤，早上一開店時標價 500 日圓的生魚片，在下午會降到 400 日圓，晚上會再降到 300 日圓，甚至在關店打烊前會降到半價的 250 日圓。

　　在經營生鮮食品的超市裡，本來就一直存在著按時間打折的做法。然而在未來，價格不僅有可能會因時間改變，也可能會因買方而改變。這就是顧客終身價值[30]的概念。

　　顧客終身價值是指從長期的眼光來定價。假設目前的價格比正常價格低得多，持續以這個價格賣會造成損失。但如果可

以從數據中知道，只要買家現在購買，明年就還會繼續購買呢？最後的結果是盈利，所以目前虧本出售也是可行的。之所以能夠做出這樣的計算和商業，就是因為有了數據的幫助。

　　顧客終身價值正在成為電子商務的常態。我相信隨著電子標籤的普及，電子商務的種種趨勢，包含動態定價，未來將蔓延到現實世界。

---

30 顧客終身價值（lifetime value，簡稱LTV），指的是每個用戶（購買者、會員、使用者）在未來可能為該服務帶來的收益總和。

智慧手錶將暴露你的行動

　　未來各種裝置都將連接到網路，這些裝置將持續地吸取使用者的個人數據。未來人們的行動將被攤在陽光下。尤其是智慧型手機和 Apple Watch，因為使用者總是隨身攜帶，不論使用者在做什麼，或身處何方，都被看得一清二楚。從不同角度來看，其實我們的行動正在被隨時追蹤，這聽起來似乎有些嚇人。

　　我分享一個聽起來有點離譜的故事。某位妻子關心丈夫的健康，那位丈夫習慣配戴智慧手錶，所以她在自己的手機裝了可以查看丈夫心率數據的程式。奇怪的是，她發現丈夫的心率到了某個特定時間點會突然飆升，這讓她很擔心。

　　起初她以為那是因為上健身房的緣故，但仔細調查後，她發現丈夫心率飆升的時間是在凌晨 3 點左右。她開始發現這件事不對勁，經過進一步調查，結果發現丈夫心率飆升的原因是因為他有了外遇。揭開這起不倫事件的正是智慧手錶。

　　保全系統如果在使用者家中或車輛設置攝影鏡頭，所有行為便能一目了然。然而，攝影鏡頭也會暴露使用者的隱私。所以目前有個替代方案是利用二氧化碳濃度來判斷人數和狀況，

並防止可疑人員進入。

只要安裝溫度感應器，便能隨時保持舒適的溫度。如果公司認為獲取數據比出售裝置更重要，便會便宜販售這些裝置。或是如果使用者同意公司獲取數據，便可以用更便宜的價格購買。未來公司也很有可能會採取這樣的商業模式。

未來公司獲取使用者數據將是一件稀鬆平常的事，但當事人也有可以選擇是否提供這些數據的自由。

立基於 100 萬輛汽車數據之上的「特斯拉保險」

特斯拉是另一家大量活用數據的公司。特斯拉取得數據的方式非常大膽，因為他們是從自家公司售出的約 100 萬台車上搭載的攝影鏡頭和感應器中獲取數據。 特斯拉以這種方式獲得的實際運行數據，經由網路發送並儲存在公司的伺服器上。 他們利用這些數據來開發更好的車輛和服務。

拜這些多達上百萬台車持續不斷上傳數據之賜，特斯拉不像大多數汽車製造商那樣進行大規模的道路測試，因為特斯拉的數據來自於實際的公共道路，而不是道路測試，所以特斯拉的數據更加正確。

這些來自一百萬台車的數據在測試和更新自動駕駛系統上大大地活躍。特斯拉沒有打算從一開始就推出一個完美的自動駕駛系統。而是一旦自動駕駛系統開發到一定程度後，便搭載在 100 萬台車上，進行實際的公共道路測試。說他們在進行一項大膽的嘗試，可能不太精確。正確的說法應該是特斯拉利用自己的資產以製作出更好的軟體。

　　東半球的日本汽車製造商也在研究自動駕駛系統，他們採取的是何種方法呢？首先，他們最初就試圖要做出一個完美的系統。甚至還租借了環狀賽車場來進行測試，這些都需要花費大量的資金和時間，

　　除此之外，日本的汽車製造商沒辦法像特斯拉那樣準備一百萬台測試車，所以在顧客回饋（feedback）方面有著明顯的差距。就算雙方工程師的程度相同，日本汽車製造商注定將永遠看不到特斯拉的車尾燈。這是因為特斯拉在數據數量上具有壓倒性的優勢。

　　特斯拉的出發點是電動車和引擎馬達，這和使用汽油引擎的老牌汽車製造商之間也有很大區別。這是因為特斯拉從一開始就打算打造一個用來獲取數據的平臺。

　　汽油引擎似乎也有一個系統可以獲取轉數等車輛數據，但從成本的角度來看，把那個系統安裝在現有的車輛上似乎並不是一個好主意。

　　特斯拉甚至正根據獲得的大量數據，開始進軍汽車保險產業。它被稱為「特斯拉保險」（Tesla Insurance），這是一款針對特斯拉汽車的汽車保險，跟同等保障的普通汽車保險比起來便宜了 20~30%。

證券將會被主動推薦給你

　　證券業也藉由使用數據正在發生巨大的變化。其中改變最大的是股票和共同基金之類的個人化推薦服務。大型證券商到目前為止都還沒有真正嘗試去活用數據。他們具有能夠使用數據的能力，但並沒有選擇這樣做，因為他們想保護客戶的隱私。

　　因此，無論是店頭交易、電話銷售，或是網路證券，只會把顧客過去的購買記錄作為重要性不高的參考資料。負責的業務員在向客戶推薦股票或證券時，基本上還是根據業務員個人的判斷來推薦產品

　　雖然大型證券商選擇不使用顧客從前的購買交易等數據，但另一方面，Robinhood 正在積極活用這類的數據。此外，Robinhood 還用了股票以外的數據來推薦使用者可能會喜歡，並有可能漲價的產品。這種推薦方法讓年輕使用者也能用智慧型手機，以一種有趣、類似玩遊戲的方式進行投資。

　　Robinhood 掀起了證券業的全新浪潮。原因如上所述，他們推出了一個前所未有的革命性系統，也就是用智慧型手機即可下單。另外他們還提供活用數據的個人化推薦服務。這兩點是

Robinhood 成功的最主要因素，但還不只這樣。

其他因素之一是像我們這樣的風險投資公司的存在。從前即使想出了像 Robinhood 那樣開創性的點子，一般人也沒有資金來實現這些點子。他們別無選擇，只能把這個點子賣給大公司，又或是直接放棄。

然而隨著風險投資的興起，現在只要能提出絕佳的想法，便可以獲得數百億日圓的資金，在美國的話甚至可以超過 1000 億日圓。換句話說，資金這種資產可以說已經成了一種商品（commodity）。 那該怎麼做出差異化？像 Robinhood 這樣劃時代的想法、技術、品牌力量，以及快速實行的行動力；這些都是未來需要的資產。

第二部

在2025年也能生存下去的處方箋

未來五年內將被摧毀
或崛起的公司

雖然導入訂閱制是必須的，可是……

　　到目前為止，企業與客戶的唯一接觸點是實體店的客戶服務。或者甚至更進一步，發行集點卡以提升客戶的黏著度。而網路的出現打破了這些傳統的商業模式。

　　智慧型手機中的應用程式和線上商店，使企業得以全天 24 小時皆能與客戶互動。而企業可以從這些接觸點中，獲取、吸收客戶的資訊，接下來企業就能推出符合每位客戶需求的產品和服務。就像我前面一再提及的那樣。換句話說，未來企業將持續透過網路這個接觸點與客戶保持聯繫，並且為客戶提供良好的體驗。這就是未來能夠獲得成功的企業模式。

　　而能與客戶保持聯繫的代表性服務是訂閱制（subscription）。訂閱制的特點是，一旦客戶開始訂閱，只要能讓他們感到滿意，客戶就不會輕易跳槽。

　　換言之，為了讓企業在未來也能生存下去，必須盡快推出訂閱制，並搶先其他同業，留住客戶。從某種意義上說，可以說那些推出優質訂閱制的企業會是最終贏家。

　　這也代表如果企業沒有推出訂閱制，就失去了一個吸引客戶的手段。而對於那些想這樣做，但受限於技術的公司來說也是如此。儘管敵軍已經兵臨城下，我仍看到日本還有很多公司依舊執著於過去的商業模式中。

　　就零售業而言，他們之中的許多人依然癡迷於產品的品質。有許多優質產品可以提供客戶選擇固然是很重要，然而未來人們將傾向於關注服務的可用性和體驗，而不是產品的品質。無法跟上這股潮流的公司肯定會被淘汰。

　　從前要是能大量買進優質產品，並以低於其他公司的價格出售，肯定能夠大賺。但現在時代已經不一樣了。

　　亞馬遜是一個相當不錯的例子。為什麼亞馬遜會受到客戶歡迎？可能是因為客戶能在上面以低價買到高品質的產品，但這只是部分原因。在亞馬遜上可以以合理的價格簡單快速地買到想要的產品。這就是為什麼客戶會選擇在亞馬遜購物。而許多客戶選在亞馬遜上購物，而不是其他電子商務網站，因為他們重視亞馬遜這個品牌。這自然包括像多數產品免運費和亞馬遜 Prime 服務，以及隔日送達等服務。

　　而為了便於使用和推廣品牌，企業需要數據。而訂閱制是

獲得這些數據最有效的捷徑。

美國仍有一些歷史悠久的大型超市不採用訂閱制或使用數據，而是以其產品陣容和品質進行競爭。 但除非有非常突出的產品，否則在未來很難生存下去。

訂閱制是那些當客戶增加時，成本不會特別增加的產業的理想選擇。相反地，如果這些產業採用訂閱制，就會是一個大躍進的機會。

具體而言，像是數位媒體和軟體產業，如音樂、影片和遊戲等等。客戶增加一人時，公司的成本卻不會增加多少。像網飛、Apple Music、Spotify 及微軟持續收購遊戲公司等等都是很好的例子。

訂閱制究竟如何為客戶提供更好的體驗？ 其中一個關鍵特徵是個人化推薦功能。

許多人有類似的興趣和品味。所以如果有一個 A 客戶，跟另一個 B 客戶，只要能透過數據分析，發現 B 客戶喜歡和 A 客戶類似的電影和音樂，就可以向 B 客戶推薦 A 客戶觀看過的電影和喜歡的歌曲。

個人化推薦功能的好處是，不僅可以介紹主流和大眾取向的電影，還可以介紹小眾、長尾效應的電影或作品。推薦的吸引人之處還在於，使用者不需要搜索它們。

使用者不需要特別做什麼事，使用者越是使用這個服務，系統就會自動推薦適合他們需求的內容、服務和體驗，使用者就益發喜歡使用這個服務。個人化推薦的效果也能得到進一步加強。如果到了這種程度，許多使用者便會不想轉用其他服務。

訂閱 ≠ 租賃

我看過一些新聞報導，記者並不了解訂閱和租賃的差別。其實這兩者只是表面上相同，如收取年費。但兩者在內容及服務的本質上是完全不同的。

租賃只是純粹的借貸。而訂閱制的重點是獲取數據，因為訂閱制的本質是不斷向客戶提供最佳價值的服務。

讓我用汽車租賃和訂閱制來解釋兩者間的差別。在租賃的情況下，汽車車體可以換新，但服務的品質不會改變。如果是訂閱制，公司發現客戶在週末會開車去露營、釣魚或滑雪。公司會根據這些資訊，下一步會推薦適合戶外活動的運動型休旅車（SUV）。如果是提供集團公司化服務的企業，甚至會推薦客戶最新的魚竿和遊艇，或是提供關於旅館的資訊。

訂閱制透過這種方式徹底活用了數據，可說是頂級的使用者體驗（UX）。反過來說，不使用數據的訂閱制則沒有活用訂閱制的潛力。

我認為，訂閱制服務最好是在一段時間內，同時提供免費和付費的混合型服務。但如果有很多明顯對公司的服務或品牌

感興趣的客戶，推出付費方案是個不錯的選擇。

　　像是年票制度和度假俱樂部（vacation club）等服務，在所謂的娛樂業，包含迪士尼樂園和日本環球影城等主題樂園，及飯店業中存在了一段很長時間。這也是經常易與訂閱制混淆的一種商業模式。

　　事實證明，訂閱制與年票制度打從一開始就是出自不同的目的。年票制度的目的是為了給公司帶來利潤。如果客戶在一年內多次造訪，公司就可以多賺取利潤。所以那些公司才會把年票制度的價格設定為這個數額。

　　度假俱樂部的情況也是如此。這也是為何大多數度假俱樂部會限制不能在客人多的旺季使用。

　　然而，這樣的服務並不能為客戶提供價值或體驗。換句話說，這並不符合訂閱制的定義。

　　另一方面，最近可以看到公司開始收集和分析從年票獲得的數據，並利用數據來改善客戶服務。例如日本環球影城在因為新冠疫情而關閉後，重新開放時所採取的策略。

日本環球影城 [31] 優先招待那些擁有年票，並居住在大阪府的人。而迪士尼樂園並沒有採取與日本環球影城相同的行動。迪士尼樂園是否取得或分析了關於年票的數據？因為沒有這方面的資訊，所以並無法確定。但我相信，迪士尼樂園今後肯定會活用數據，並提供各種有價值的體驗，包括類似訂閱制的服務。

比如目前迪士尼的使用者可以主動出示生日以獲得生日優惠。如果他們有客戶的數據資料，往後客戶不必出示證明即可獲得生日禮遇。或是如果他們知道客戶對什麼樣的設施感興趣，也可以優先介紹。

迪士尼樂園也可能與其他服務合作。像是活用從迪士尼＋（Disney+）獲得的數據，這是一個迪士尼訂閱制線上串流影音平台服務。譬如說迪士尼樂園可以提供一種服務，由客戶最喜歡的迪士尼角色來迎接他們。

迪士尼也可以在販賣周邊商品時，將客戶喜歡的角色和商品放到中心位置。

---

31 日本環球影城（Universal Studios Japan）位於日本大阪府大阪市。東京迪士尼樂園（Tokyo Disneyland）則是位於鄰近東京的日本千葉縣浦安市。

不適合導入訂閱制的產業

　　但有一些產業並不適合訂閱制。這些都是損耗的產業。損耗意味著硬體隨著時間的推移而劣化。具體來說，就是房地產、汽車、傢俱等產業。

　　智慧型手機也會隨著時間的推移劣化，所以也是一個難以採用訂購制的產業。 然而，智慧型手機公司知道訂閱制是很重要的。因此像蘋果公司為了留住客戶，推出了一項名為 iPhone 計畫（iPhone Program）的訂閱制服務。

　　這項 iPhone 計畫的訂閱制服務，是提供每年最新款的 iPhone 給使用者。只不過蘋果公司也明白損耗的風險，所以他們將這項計畫的費用定為每年約 7 萬日圓，比其他訂閱服務稍高一點。另外還有一項附加條件是，在換新款 iPhone 時必須要歸還尚能正常運作的舊款 iPhone。

　　即使是擁有全方位服務的特斯拉，目前也沒有推出類似訂閱制的服務。但由於執行長馬斯克非常注重建立品牌這件事，而且他也已經打破了許多產業規範，我認為他將終將導入訂閱制。我非常期待看到那一天的到來。

特斯拉宣布將在 2021 年推出一款全新的電動皮卡車（pickup truck）——「Cybertruck」。 到了 2025 年，特斯拉說不定會顛覆訂閱制產業的常識，提供汽車產業的第一個訂閱制服務。

除了擁有超凡的馬斯克的特斯拉以外，一般來說不適合訂閱制的產業該如何才能生存？ 事實上這是一個令人相當困擾的問題。正如我所提到的，像 GAFA 這樣的公司很容易跨過產業壁壘。

譬如不適合訂閱制的房地產產業，GAFA 卻有辦法將訂閱制應用在房地產產業中。

舉例來說，讓我們來推測亞馬遜會如何在房地產方面推行訂閱制。亞馬遜並不是從房地產中賺錢。他們會建造出像亞馬遜之家（Amazon Home）這樣的房子，並將價格定得比同業更低。

然而，裡面所有的傢俱和電器都將是亞馬遜的原創品牌。而且會要求住戶訂閱像亞馬遜 Prime 這樣的服務（訂閱制）。這是一個讓基於人們大量使用亞馬遜電器的廣告效應和數據獲取的好處，才辦得到的商業模式。

如果亞馬遜開始提供類似亞馬遜房地產這樣的服務，現有的房地產公司將陷入進退維谷的窘境。由於無法阻止這種情況發生，他們只有兩種選擇：不是與亞馬遜合作並被吞併，不然就得轉向其他產業。未來對於堅持在同一種產業的公司來說是很殘酷的。

像亞馬遜這樣的零售企業原本並不適合訂閱制。每增加一個客戶，他們就需要增加倉庫、送貨車輛、送貨人員等等，這是很昂貴的成本。然而，一旦企業達到一定的規模，這類費用在全體成本中就變得相對較低。這就是為什麼亞馬遜 Prime 仍然能賺錢的原因。

中間商將被淘汰

在未來的世界裡，可能不再需要各種代理商、汽車經銷商、許可證供應商和以銷售為主的公司，只剩下一些支援性服務。

傳統企業中有很多這樣的中間商。更重要的是，這些中間商們有很大的權力；對傳統企業來說，中間商是不可或缺的。舉例來說，日本目前就有一家大型保險公司仍無法將既有業務轉為線上服務。

在汽車產業也是如此。公司的規模越大，就越有可能兼具有如同大型修理廠般的功能，而不會僅是汽車的經銷商。但這些資產可能會成為發展新服務的障礙。

特斯拉沒有中間商就是汽車產業已經開始動盪的最好證明。

但經銷商和代理商已經為客戶服務了一段很長的時間。儘管這是時代的潮流，但如果只憑藉一句「未來的世界不需要你們」，就讓這些中間商全部消失的話，個人覺得實在令人於心不忍。

另一方面，我認為如果繼續這樣發展下去，整個產業將被淘汰，所以他們應該轉向改變業務類型或注重服務品質。

在我個人的想像中，未來中間商將會轉型為類似產品展示中心（showroom）般的型態。他們不再只是直接銷售物品的場所，而是作為企業與客戶間的接觸點，這有助於提升企業的品牌價值。

汽車經銷商可以將展示中心打造成一個讓客戶進行體驗的地方，只要前去就可以體驗到尚未上市的最新強大功能。

像奧迪（Audi）、賓士、寶馬，甚至日本的凌志（Lexus）都已經在相繼開發這塊市場。目前這種展示中心的主流是讓客戶像去咖啡館一樣地輕鬆，但凌志還額外提供其他公司沒有的獨特服務。

讓客戶享受「體驗」是凌志的主要目標。客戶可以開著凌志到知名渡假村，享受沿途的兜風樂趣。而在目的地的渡假村，凌志還會提供包括餐飲在內的體驗。這是一種透過提供體驗來提高凌志品牌價值的努力。另外我推測凌志或許也能從渡假村那邊獲得廣告收入。

b8ta 一間來自矽谷的新創公司，正在徹底改變零售業

我來介紹一間目前正對零售業商業模式產生巨大影響的新創公司：b8ta（英文發音同 beta）。零售業以往的商業模式是，租用一間店鋪並進貨，加上利潤後再販賣出去。

然而隨著電子商務的普及，在實體商店購買商品的消費者急速減少。人們在實體商店確認商品的手感和操作之後，轉而在網上購買。換句話說，如果這種趨勢繼續下去，實體商店存在的必要性將越來越低。

這時，b8ta 想出了一個與眾不同的點子。

在電子商務中，雖然消費者們最終是在網路商店上購買商品，但在他們按下購買之前，往往會先進行相關搜尋，或被其他網站（如 YouTube 或臉書）上的廣告所引導。而引導消費者到網路商店的廣告商也因此獲得了相應的費用。

b8ta 將這種在線上已經司空見慣的零售業流程帶到了線下的真實世界。

b8ta 乍看之下像是一間放滿了時尚裝置的 Apple Store。但

b8ta 的獨特之處在於，實體商店的主要目的不是現場販售。這個概念與汽車經銷商轉型為展示中心相似，因為 b8ta 的店頭也是一間展示中心。

b8ta 店內展售的時尚裝置並不像公司名稱所暗示的那樣，像是放置在大型量販店裡的成品。那些裝置都是經過他們用心挑選，例如走在潮流尖端，或是有可能大賣，成為討論話題的熱門商品。

然後 b8ta 會請那些喜歡這類裝置的使用者觀賞並實際試用，並將使用者的反應回饋給開發商。如果使用者想要預訂那些尚未上市的新商品，b8ta 當然也可以接受預訂。

對企業來說，b8ta 不僅對未來的潛在客戶具有廣告效應，同時也是一個可以提升產品，讓產品變得更好的地方；所以企業願意支付費用請 b8ta 展示他們的產品。這就是 b8ta 的商業模式。

b8ta 的實體商店中也設有攝影機及感應器等裝置，有多少客人真正對產品感興趣？其中又有多少人拿起了產品試用？b8ta 也使用這些統計數據，進行類似谷歌廣告（Google Ads）的收費廣告事業。

　　b8ta 創立於舊金山（San Francisco），目前已經在美國開設了許多間實體商店。在 2020 年 8 月進軍日本，將在有樂町車站前（有楽町駅前）與丸井大樓（マルイビル）內開設實體商店。

5年後，特別危險的8個產業

在科技化與數據使用方面落後比例高的產業也將在未來被淘汰出局。特別是以下這8個產業正處於高危險之中。

• 零售業

零售業已經開始大洗牌。美國的高級百貨公司「尼曼」（Neiman Marcus）於2020年5月申請破產。美國另一家擁有超過百年歷史和近850家門店的大型連鎖百貨公司「傑西潘尼」（J. C. Penney）也在同一時期申請破產。這種趨勢今後大概還會持續下去。

為什麼沃爾瑪能夠生存下來，這些歷史悠久的百貨公司卻不行？既然他們是具有相當規模的零售商，他們一定也擁有不少客戶數據吧？但如果光是「擁有」數據是沒有意義的；數據只有在經過「分析」和「利用」後才有價值。

這些百貨公司要麼不了解這個事實，要麼就是知道卻沒有採取行動。又或是他們意識到了這一點，但卻找不到資料科學

家等人才來幫助他們。

這些公司常見的情況是，像這樣的老店毫無危機感，或者不瞭解現今客戶的需求。

像是他們認為只要站在店頭與客戶交流，讓客戶實際試用他們的產品，是很有價值的事。但如此一來他們就會錯過數位化的機會。

● 能源業

能源業與國家政府的關係斐淺，因此就算大多數人都知道火力發電已經過時，但仍然認為「火力發電不會消失」。繼續抱持這種心態，在未來將會被淘汰。

像馬斯克那樣不在意產業壁壘和常識的企業經營者，未來很有可能會相繼進入市場，大亂能源業界。

特斯拉已經向世人展示了這樣的野心。正如我前面提到的，太陽能發電產業是特斯拉進入能源業的途徑。而在很注重環保的美國加州等地，紛紛對包括特斯拉電動車在內的特斯拉環保產業表示贊同。加州決定以從 2035 年起禁售燃油車，以及對特

斯拉減稅等手段，支持特斯拉環保產業擴張。

• 金融業

　　像 Robinhood 公司不需要實體店面，也不向使用者收手續費。隨這類公司的崛起，提供傳統服務的金融企業將被淘汰。

　　銀行也是如此。像 PayPay 這樣的支付服務已經陸續登場，未來只要用臉書就可以像在美國一樣匯款。在未來會使用現有金融機構的人毫無疑問地將越來越少，因為這些機構需要收費。

　　然而正如我之前提到的，那些聰明的金融機構已經設想到了這樣的未來，所以他們將反過來為那些正在崛起的公司做幕後工作。換句話說，現有的金融業將從服務業轉變為基礎產業。而另一方面，無法轉型的公司將被淘汰。

• 遊戲業

　　為智慧手機開發遊戲應用程式的公司不會有問題，有問題的是那些製造家用遊戲機和軟體的公司。那些遊戲公司將被淘

汰，原因是沒有針對網路遊戲採取行動。

　　未來遊戲連接網路將會是標準功能。然而，那些舊有的遊戲公司往往並不想加上聯網功能。當然還是有一些遊戲可以連接網路，但玩家想要的是經由網路與許多人一起享受遊戲，以及持續提供串流新遊戲的體驗。

　　也就是正如之前所提，決定成功或失敗的不是硬體性能，而是體驗。換句話說，不管遊戲主機的性能有多強大，如果不能讓玩家透過網路與很多人一起體驗，那些主機對他們的吸引力可能就會少了一半。

　　只要觀察索尼和任天堂，就能看到這兩間公司想出的方法截然不同。索尼很快地迎合了客戶的需求。在開發過程中，便將手頭的遊戲主機與連接雲端的邊緣運算（edge computing）兩者切割開來。

　　另一方面，任天堂的 Switch 雖然可以連結雲端，但並不是隨時連接。此外，由於索尼與微軟攜手合作，索尼因此獲得了許多關於雲端的知識。

　　在我看來，也許接下來任天堂也會與像是微軟之類的公司合作。任天堂是否會像索尼一樣選擇微軟？還是會選擇亞馬遜？

亞馬遜已經宣佈了 Amazon Luna，只需約 600 日圓月費，上面的遊戲任君遊玩。又或者任天堂會選擇谷歌？至於蘋果公司也已經宣佈要進軍遊戲產業，所以遊戲業接下來會迎來重大的轉變期。就像音樂已經成為一種訂閱服務一樣，遊戲也將成為一種串流訂閱服務。因此各大公司將爭相收購遊戲開發商，作為未來遊戲訂閱服務內容的核心。

　　首先，任天堂是日本為數不多，擁有紅白機（Family Computer，簡稱 Famicom）和超級任天堂（SUPER Famicom）等知名遊戲主機，以及靠著這些產品宰制遊戲業平台的公司之一。任天堂現任執行董事宮本茂在遊戲業是一位傳說等級的人物，他主導開發出了大受全球歡迎的《瑪利歐》（Mario）系列及《薩爾達傳說》（The Legend of Zelda）系列。任天堂擁有傳承自宮本茂的創造力，我希望他們能夠利用這樣的創造力，再次宰制全球遊戲業平台。這是我個人的希望。畢竟索尼已經在音樂市場輸給了蘋果，我不希望同樣的事情發生在任天堂身上。

• 系統業（SIer）

在美國，用雲端建立系統是很普遍的。而在日本，內部設備（on-premise equipment）仍是主流。另外美國公司的系統基本上是內部自製的，只有那些自己難以打造的部分才外包給系統整合商（SIer[32]）。而大多數的日本公司則是把大小事情全都交給系統整合商。

那些日本公司由於不具自製能力，有時對系統設計及設計費用等系統整合商的要求都只能照單全收。

為什麼日本的系統整合商不積極推廣雲端計算？因為像過去那樣使用伺服器建立的內部設備系統需要一直維護，對他們來說是相當有利可圖的。

另一方面，當公司導入雲端系統後，系統整合商當然就再也沒辦法收取維護費用。這是因為那些錢主要會流向擁有雲端的 GAFA。

然而正如我前面提到的，GAFA 的黑船[33] 已經獲得了部分日本政府核心系統的訂單。結果也如前所述，不要說地方政府等國家機構的系統，往後各種系統都會轉向雲端。

日本公司和系統整合商在雲端計算和人工智慧方面相當落

後，所以在這個領域的競爭中處於劣勢。

直截了當地說，日本的系統整合商就像一個中間商，類似汽車經銷商或保險代理人（insurance agent）。未來這些中間商原有的商業模式極有可能被迫改變。

● 家電業

未來將會有越來越多像亞馬遜冰箱這樣可以獲取數據的家用電器。再說，能夠製造像亞馬遜冰箱這樣家電的集團公司，可以不須從販售家電中獲得利潤。

因為這些集團公司可以用更低的價格，提供相同規格的家電，僅從事家電產業的公司根本敵不過他們。更重要的是，他們可以像特斯拉一樣，透過使用者日常使用的數據來改良產品，使之更加完善。在這樣的競爭之下，哪邊會生存下來是非常明顯的。

---

32 SIer 是系統整合商（System Integrator）的縮寫。

33 黑船來航指的是日本嘉永六年（1853 年）美國海軍准將馬修·培理（Matthew Calbraith Perry）率艦隊駛入江戶灣浦賀海面的事件。此事件可說是歐美列強叩關鎖國時期日本的開端。

● 汽車業／面授的教育業

　　剩下的兩個產業是之前提過的汽車業，和提供面授教學的教育業。在接下來的教育領域，也同樣必須要會使用應用程式和數據資料，這點是只能提供面對面服務所做不到的。未來既要做面對面的服務或教學，也要會活用應用程式和其他數據資料。

擁有資本不再是一種優勢

企業需要 8 種要素來推動事業發展。這 8 種要素分別是客戶、品牌、配銷通路、產業知識、物流、供應鏈、IT 基礎架構和資金。

過去像資金、物流、供應鏈和 IT 基礎架構,是只有大資本企業才有辦法具備的要素,這使得新創公司很難在依賴這些要素的事業中跟大企業競爭。

然而現在有可能將客戶和品牌以外的元素外包出去。換句話說,過去作為權力象徵的大企業、大資本等要素,已不再具有絕對的優勢。而瞭解時代變化的優秀人才,不會特意選擇大企業,而是選擇新創公司。

相反地,這些人才可能覺得新創公司有很多的優勢,比如全新開發手法和鮮明的品牌形象等等。

在配銷通路(distribution channel)方面,新創公司可以使用亞馬遜和臉書。而在產業知識方面,只要透過人工智慧,如機器學習(machine learning)和深度學習(deep learning),現在能夠輕易取得這些知識。

物流（logistics）、供應鏈（supply chain）和 IT 基礎架構也是如此。當今世界上最好的服務和 IT 基礎架構不僅提供給新創公司，也提供給中小企業，只要付費就能使用。

雲端計算就是一個很好的例子。一個使用亞馬遜雲端的大企業，和一個只有 10 名員工的小公司使用同樣的雲端。雖然兩者在使用量和費用方面可能有差，但所使用的雲端基本上是一樣的。

而在資金方面，正如我之前提到的，現在可以透過各種機構和團體獲得資金，包括風險投資公司。說實話，目前全世界的投資資本是過剩的。當然有現金更好，但這並不意味著現在資本有什麼特別的優勢。

反過來看，現在可說過去作為大公司優勢的規模和資本正成為累贅。例如所謂的大企業擁有多少員工？無論在哪個產業中，雇用數萬人，甚至是數十萬人的跨國企業都不在少數。

既然有這麼多的員工為公司工作，那就能在全國各地都設立辦公室和客戶間的接觸點吧？

但最後的結果是，大企業無法在事情發生時迅速採取行動。畢竟他們不可能立即解雇數以萬計的員工。

　　打個比方，在大公司做生意就像開油罐車或大卡車。另一方面，新創公司就像一枚火箭，雖然只承載數人，但速度很快，並可以精確地軸轉（pivot）。

　　新創公司規模小的這點反而對他們有利，這是當今高度不確定的世界的一個特徵。可以說，程式開發（program development）方法從瀑布模型（waterfall model）到敏捷式開發（agile software development）的變化，正是當前時代的一個完美象徵。

大企業該如何避免被新創公司所吞噬？

　　大企業該怎麼對抗新創公司，如何防止新創公司吃掉他們的事業？或者更具體地說，大企業如何防止自己的公司被新創公司所吞噬？答案是引入全新方法和人才，並加強品牌。

　　然而像這類的政策屬於重大改革，強行實施這些政策是沒有意義的。因此這只能由大企業的創始人，或由創始人家族長期經營的公司，又或是得到員工和股東壓倒性支援的最高層來完成。換句話說，能夠做到這一點的公司數量稀少。

　　因此一般來說，大企業的對策就是自己設立一間新創公司。還有另一個方法是直接收購新創公司。設立新創公司時，必須從成立之初就積極招募外部人才。而且雖然是大企業的子公司，但新創公司不會像獨資子公司（wholly-owned subsidiary）那樣，具有母公司的強烈色彩。這些新創公司被賦予了獨立性。即使從母公司派出員工，也必須將把他們當作其他公司的員工，而不是當作有一天可以調回母公司的借調人員。

　　同時這些大企業也要提供激勵措施，以提高員工的積極性。

例如，如果事業成功，就會有高額獎金。

　　三菱日聯金融集團[34]建立了一間名為「Japan Digital Design」的金融科技（FinTech）新創公司，是這種方法的一個出色例子。

　　開放式創新（open innovation）也是選項之一。但如果只是單純的合作或投資的開放式創新，可能需要花費很長的時間；所以如果大企業確信這間新創公司值得，那還是用收購的方式比較好。然而，當一家大企業收購新創公司時，需要謹慎行事。

　　作為一個基本的前提，大企業必須堅定認識到併購（M&A）是非常困難的一件事。這裡所指的不是資金，我指的是在管理（management）上很困難。因為新創公司的創始人往往不喜歡有人在他們之上。具體而言，困難的點在於要給予新創公司多少自由裁量權和權力。

　　如果大企業因為與新創公司創始人發生爭執，或無法達成協議而造成創始人離開，就會傳出他們在被收購後沒有得到好待遇的風聲。另一方面，如果服務或品牌發生重大變化，即使

---

34 三菱日聯金融集團（Mitsubishi UFJ Financial Group, Inc.，簡稱 MUFG）是日本最大的金融機構，由三菱東京金融集團與日聯控股合併後成立，總資產及整體規模均位居日本金融業首位，也是世界上屈指可數的綜合性大型金融機構。

創始人留了下來，也不會受到歡迎。

　　臉書收購 Instagram 就是一個很好的例子。這次收購以及與創始人的爭執反而損害了臉書的聲譽。這也連帶影響了臉書的後續收購。

　　另一方面，谷歌的收購雖然平均打擊率不到五成，但卻很好地利用了收購的新創公司。其中一個典型的例子是 DeepMind，這是一家英國的人工智慧公司。假如谷歌沒有收購 DeepMind，會發生什麼事？如果 DeepMind 當初是被亞馬遜所收購，現在 GAFA 的勢力分布會是什麼樣子？併購就是具有如此強大的力量。

第二章

五年後，
你的工作會變成這樣

五年後必備的五項技能

為了在 2025 年的未來生存，必須具備以下五項技能。不管對個人或公司來說都很重要。換句話說，如果你具備這五項技能，就能在任何商業模式中發揮作用。

【2025 年必須具備的五項技能】

英語

金融

資料科學

程式設計

讀懂商業模式

● 英語

能夠理解英文版的商業新聞，特別是與科技有關的英語資訊，必須能夠有起碼的瞭解。請去閱讀《華爾街日報》（The Wall Street Journal)、《金融時報》（Financial Times）等的英文

版。因為即使到了現在，也仍只有極少數的文章會被翻譯成日文。如果要再貪心一點，最好是達到可以讀懂英文論文的程度。這是由於最尖端的資訊，特別是科技領域的資訊，往往是以論文的形式撰寫的。

例如，量子電腦（quantum computer）領域最近的發展情勢相當良好。如果你讀過英文論文，就能了解量子電腦可以做什麼，不能做什麼。我也不時地會閱讀論文，所以能夠明白人工智慧語言分析的趨勢轉變為「BERT」的細節。

掌握能夠與外國人進行商業談判的技能，或者達到像母語者一樣流利的程度需要時間。但即使沒有達到那樣的程度，只要能近似那種程度，便是非常有價值的。

• 金融

證券分析師的資格考試是一種簡單而全面的學習方式，我也具有證券分析師的資格。縱然要獲得證券分析師資格必須要有金融實務經驗，但即便只是研究考古題也是非常值得的。裏頭包含會計、經濟學、總體經濟學、投資組合理論（portfolio theory）、分散投資手法、股票動態、市值相關理論、利潤等等，

涵蓋所有作為經濟人需要知道的知識。

● 資料科學

現在是了解深度學習的含義，以及深度學習可以用來做什麼？相反地，你需要對這些相當普遍的事情有扎實的了解，比如深度學習無法做什麼。

有的人誤以為深度學習可以神奇地完成一切，就像魔法一樣。但實際上，目前除了現有的資料分析外，它只能分析圖片、語音和自然語言。對這種事情有一個正確的理解是很重要的。

如果可以的話，你應該看一下「Kaggle」。這是一個深度學習界中，數據建模和數據分析競賽的平台。你不需擁有多厲害的數據分析技能，但這是一個了解資料科學家的好方法。

Kaggle：https://www.kaggle.com/

● 程式設計

雖然有許多不同的程式設計語言和領域，但現在我建議學

習 Python，一種關於資料科學的程式設計語言。而就跟英語一樣，你不需要像個頂尖程式設計師那樣，能夠自己寫代碼和建立網站。

這個系統是用什麼樣的代碼？眼前的代碼究竟能夠達成什麼樣的動作和服務？ 重要的是要具備程式設計技能，才有辦法判斷程式的機制和價值。

最近出現了無程式碼（No-code）的開發服務平台，如 Bubble，可以讓你不用傳統程式設計語言即可以開發網路應用程式。所以只是嘗試一下也是值得的。

讀懂商業模式

我們周遭這些服務的架構是什麼樣的？而它們又是如何盈利的？有必要了解這些服務的商業模式。

例如像是 QR 碼（QR code），QR 碼背後的商業模式是什麼？令人驚訝的是，沒有多少人能夠回答出這個問題。

為什麼 Zoom 會有如此飛躍性的成長？為什麼亞馬遜冰箱可以賣得這麼好？ 透過跟上商業世界的熱門情報和深入挖掘，瞭

解商業模式的內部運作是很重要的。

如果你能了解個體經濟學，並精通行為經濟學，如資訊不對稱和「助推理論」（nudge）會更好。

然而，這五項技能只是五年後所需的技能。在 2025 年以後的未來，很可能會需要不同的技能。例如量子電腦很有可能成為未來的趨勢。

身處一個有可能被淘汰的產業的人應該怎麼做？

現在正在一個很有可能被淘汰的產業工作的人應該怎麼辦？說實話，這是個很難回答的問題。這是因為工作在很大程度上取決於一個人的人生觀。答案也將取決於你的年齡。

然而我可以確定的是，依賴一家公司是很危險的。我認為特別是對年輕一代來說，掌握我上面提到的技能，發展成為任何產業都需要的人才是必須的。

如果你的年齡介於 20~29 歲之間，我建議你去讀研究所，到國外的大學去念書，並學習我前面提到的五種技能。其中特別是資料科學，到了 2025 年應該仍會有資料科學的需求，所以現在正是學習的時候。

如果你的年齡介於 30~49 歲之間，我建議你換個工作，到外商或像本書中介紹的公司。並不是說外商公司比日本公司更好，重要的是要了解外商的商業理論。

而在瞭解那些理論以後，可以考慮回到日本公司繼續你的職涯。像松下集團（Panasonic Group）的樋口泰行就是一個很好

的例子。

　　我曾在某家日本企業的紐約分公司以及外商工作過，這是我學習在外國和外商公司工作的人的思維方式的好機會。另外我還從谷歌那邊學到了如何讀懂商業模式的技巧。

不斷學習和增加你的「標籤」

如果有在某個領域特別擅長的技能，或是在該領域取得優秀成績的人，持續在該領域推進是個好主意。然而必須要注意，你不該永遠停留在同一個領域。不斷學習新的資訊，了解全球的趨勢。這種態度是必要的。反之，不具這種態度的人，無論多麼專業都會被淘汰掉。

你不需要徹底了解所學習的新領域，不用達到自己原本的專業，或是像專家那樣的程度。因為正如我前面解釋的那樣，擁有能夠了解一定程度的資訊和知識至關重要。了解該領域的專門術語也是。就算只是知道個大概，也和從未聽說過有很大區別。

因此不論你有多不擅長某個領域，如果你覺得它是未來的趨勢所必需的，就應該積極主動地去學習它。

如果保持這種態度，你的「標籤」（tag）自然會跟著增加。上面提到的五項技能當然也是標籤。標籤並不限於自發性學習或獲得的學問和職涯技能，你所在之處和成長經歷也是很好的標籤。

用我自己來舉例，我具有英語、投資家、科技、矽谷、美國東岸等標籤。將這些標籤相乘後，就得到了那個人獨一無二的價值（value）。

精通科技的人數非常多。比我了解特定科技領域的人也相當多。但懂科技、精通英語，又住在矽谷的人則數量稀少。

如果再加上投資家、前銀行員等標籤，它就會成為真正獨一無二的價值。

我在標籤中經常發現，那些讀過 MBA 的人當然知道很多管理方面的知識，但他們對程式設計或資料科學卻不甚瞭解。然而，最近的商業趨勢需要這方面的知識，所以最近日本的 MBA 課程內容也正跟著隨之改變。

當你開始關注標籤時，有件事需要記住。成為唯一（only one）很重要，但也要知道社會是否需要這個標籤或價值。

不要光做自己喜歡的事，也不要純為社會的利益

正處於即將被淘汰的產業的人，在轉移到另一個產業或增加自己的標籤時，有個問題是必須考慮的。就是增加這個標籤或從事這個行業是否真的是正確的選擇。

有一句日本的俗語是「你喜歡什麼、你擅長什麼、以及可從社會獲得高額報酬」。在選擇工作或自行創業時，這三件事需要重合才行。

假設你選了自己喜歡的事作職業，但你其實並沒那麼擅長那項工作；這樣一來即使你強迫自己繼續做下去，仍會感到不開心。這樣不僅對你自己沒有好處，而且對公司和社會來說也毫無益處。

另外還應注意來自社會的高額報酬這點。雖說以下的觀點可能會有點偏離主題，例如像志工，我認為幫助有需要的人的行為本身是美好的，懷抱理想也是美好的。

他們通常只是單方面地給予金錢，或是純粹提供援助。但那只不過是一次性的，不是一個可行的商業架構，無法解決根

本問題。簡單來說，例如在原本商業架構下理應可以獲得相對的報酬，但實際上卻拿不到，造成人們必須忍氣吞聲的情況。

假設有一個解決沙漠地區水資源短缺的問題。你從日本帶了水，前去分給當地人。雖然這也很重要，但這樣的模式永遠無法擴大規模，也沒辦法解決當地問題的根源。

這時如果有一個擁有科技、沙漠和海外事業標籤的人才，想出了一個解決辦法，有望成為解決水資源短缺的革命性方案。然後他進入當地，自己動手實行，並與當地人一起創辦公司，將其發展成一項事業。最終這個想法將被擴大到一個，即使沒有那個人也能運行的系統。這就是社會正在尋求的解決方法。

成為結構洞的一員

　　人們會自然地傾向只與來自同個都市、學校、職場或產業的人交流。當然，這種團體內部的關係是很重要的。然而從資訊交流的角度來看，如果你只與具有類似屬性的人交流，也許能獲得許多自己所在的產業資訊，但你將無法獲得跨越產業的資訊。

　　例如，在汽車產業工作的人很難理解在流通業的前線發生了什麼事。這是因為他們沒有機會接觸到掌握流通業最新資訊的人。「結構洞」（structural holes）是克服這些產業間障礙的一個起點。

　　「結構洞」也是我認識的早稻田大學商學院的入山章榮教授，在解釋如何打造創新的人脈時所使用的理論。簡單地說，它們代表了「跨產業的薄弱聯繫」和「資訊的交叉點」。

　　看一下圖2就很容易理解。這些點代表的是人，而交織在一起的點是各自的產業。在圖中央，有一個產業和人的連接之處，就是結構洞。這裡是匯集各種資訊的地方。

　　以我自己當例子，我屬於一個風險投資家的群體，但我也

圖2　結構洞（structural holes）

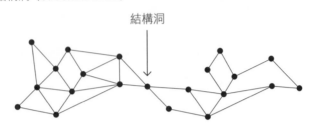

與人工智慧和量子電腦領域的研究人員保持聯繫。由於這層關係，我能夠對人工智慧和量子電腦的尖端資訊保持敏感。如果只透過我在投資產業之間的聯繫，是不可能會有這些資訊的。

特別是未來科技，比如量子電腦在一般媒體上的資訊非常少，也很難確認內容是否正確。這時你可以使用結構洞獲得情報。

結構洞還有更多的好處。再以我自己為例，大多數風險投資案件是那些新創公司透過我認識的人找上門的。換句話說，因為我在上圖中處於訊息流動網的起點，所以我得到了工作。

關係和介紹在商業中也很重要。像是在跑業務的情況下，當這個業務人員在沒有事前預約便初次來訪時，首先需要審查這個業務人員的身分，他或她為什麼樣的公司工作？這遠比推銷的業務內容來的重要。但如果推薦人是你已經認識的熟人，

就可以省去篩選（screening）的麻煩。

　　如果你介紹一個怪人給朋友，不僅會給對方帶來麻煩，也會有損你自己的信譽。那時你也可能會被朋友篩選掉。

　　當你在臉書上收到一個好友邀請時，你會去檢查他或她是否與自己的朋友有關係。這與根據那個朋友是什麼樣的人，來判斷是否接受好友邀請的原則是一樣的。這並非把人們以優劣順序排列，但如果是由一個自己很信任的熟人或朋友介紹的而來的人，果然還是會覺得值得信任。

　　日本的富士電視台曾經投資開發《精靈寶可夢GO》（Pokémon Go）的美國新創公司耐安堤克（Niantic）。而這項投資的原因也是由於結構洞，因為這兩家公司的相關人員恰好都來自日本仙台市。兩家公司因為相關人員的家鄉而聯繫在一起，他們一拍即合，最後富士電視台便投資了耐安堤克。

你應該與什麼樣的人建立聯繫？

要成為結構洞的一員，你需要認識很多來自不同產業的人。你可以透過建立聯繫成為其中的一員。這並不意味著只要是來自不同產業的人誰都可以。

就我而言，我從研究所畢業後認識了很多人。在與我交換過名片的十個人中，我向其中的一、兩個人發出了臉書好友邀請，希望能再次見面。但在當時，我只是一個剛從研究所畢業的年輕人，所以只有大約一半的好友邀請被接受。

我是透過曾與我見過面的人建立聯繫開始的，但現在你可以從 Zoom 或臉書的發文中來對稍微了解一個人的品性。關鍵是要確定對方的本質，所以如果你能夠活用這些工具來擴大自己的聯繫網，溝通成本就會降低。

一旦你們在臉書上建立聯繫，並不需要在之後進行特別積極的互動，便可以更了解對方。保持薄弱的連接很重要，因為這對結構洞很有用。但要注意不要成為一個所謂的接受者（taker），一味地從對方那裡獲取資訊。

那種向所有人發送好友邀請的人，只會被認為是個八面玲

瓏的人，無法成為結構洞。在你從對方那裡獲得資訊之前，嘗試提供一些好處是很重要的。

話是這麼說，不過你提供的資訊可以像平時的文章一樣簡單。另外，定期與你聯繫的成員互動，例如對方生日就是個好時機。

這時可以趁機更新彼此的最新動向。

當你試著與很久沒有聯絡的人聯繫時，這種用心的對話是有效的。因為比起 10 年沒有消息的人，平常有對話的人在信任程度和親近感上有很大的不同。

可能兩、三年後你們才有機會實際見面，但保持這樣的薄弱關係就夠了。

給予和接受（give and take）的平衡可能出乎意料地困難。有些人覺得每年都給朋友發送生日祝福很麻煩，如果你是這種類型的人，不一定要勉強自己成為結構洞的一員。

適合結構洞的人是那種不覺得我剛才說的交流很麻煩，而且對各種事情和人物總是保持好奇心的人。只要與自己覺得在結構洞裡的人建立聯繫，就會有很多收穫。

後記

當我還小的時候，我的夢想是贏得諾貝爾獎。部分原因是出自我對一切都很感興趣，想要了解事物的運作方式。也因為我的父親在我四歲的時候在一次飛機事故中喪生，即 1985 年的日本航空 123 號班機空難。

此後，我在單親家庭中長大。但不是只有我這樣，有很多人因為疾病或交通事故而失去了他們的親人。隨著我的成長，我逐漸瞭解到，有很多人只因為出生在發展中國家或內亂多的國家，而遭受不合理的待遇或被迫生活在貧困之中，儘管他們自身並沒有任何過錯。

我想減少像這樣的不公平之事發生，我想減少因出生地或環境而不幸的人數。 要做到這一點，我應該發明一個能讓我獲得諾貝爾獎的東西。這是我基於如此簡單的想法所懷抱的一個夢想。

想獲得諾貝爾獎的夢想隨著我的成長也逐漸發生變化。我意識到自己的目標非競爭性的獎項，而是事後來自他人的評價。我想透過解決社會問題來幫助世界。 我一直堅持著這個想

法。雖然實現的手段從發明變成了風險投資，但我瞄準的目的
（purpose）卻始終如一；我相信我的職業生涯也是沿著這條道
路前進的。

隨著時間的推移，我逐漸認識到是科技讓這個世界變得更
美好。

我的夢想，或者說我的人生目標，是讓社會更加富裕，減
少遭受不合理待遇的人數。只要此目標得以實現，我認為工作
和頭銜也可以是實現目標的手段之一。

因此，雖然我目前是一名風險投資家，同時也是京都大學
特任副教授，但幾年後我可能會成為一家新創公司的成員。這
是因為我相信，自己將根據當時的情況而改變。

我決定出這本書的理由是，我想改變這個荒謬的世界。哪
怕只是一點點，如果能夠稍微改變它就好了。

在這本書中，我試圖刺激讀者說，老舊企業將被 GAFA 所
淘汰。但我真的希望那些老舊企業能採用本書介紹的科技和趨
勢，並有所改變。尤其是那些在這方面進展緩慢的日本企業。

正如阿翔在本書開頭關於未來的小說中提到的那樣，我不
希望看到擁有長期傳承的傳統和文化，以及傲人技術的公司，

僅僅因為繼續以老舊的方式工作而被淘汰。

　　這就是為什麼，我會為日本公司提供類似 DX 專案的建議，這些公司很可能在幾年後被 GAFA 淘汰。實際上這正是我現在為想要使用 VC 和 CVC 的高層管理者們開設的課程中所要做的。

　　我也喜歡用人們容易理解的方式進行教學，所以我想我很適合佈道者（evangelist）或未來學家（futurist）的活動。

　　與其說是工作，不如說更接近一種使命。所以我並不會想特別出名。我希望盡可能讓公司和企業領導人了解我在本書中提出的觀點，並做出改變。以避免 2030 年時，被作為「失落的四十年[35]」來回顧。這是我個人的願望，也是我寫這本書的核心原因。

　　我將繼續學習。如果讀者能夠參考這本書進而採取行動，我也會感到很高興。如有幸獲得讀後感想、指教請寄至 yamamototech2020@gmail.com，也可以寄至問答表單（掃描右方的 QR 碼即可直接前往該網址 https://bit.ly/30z56tm。個人目前正在考慮透過此表單提供定期的科技時事解說）。

---

35 日本自 1990 年代泡沫經濟崩壞後，陷入長期不景氣。1990~2010 期間被稱作「失落的二十年」，1990~2020 期間也被稱作「失落的三十年」。

新商業周刊叢書　BW0792

元宇宙時代 全球經濟新霸主

原文書名／2025年を制霸する破壞的企業
作　　　者／山本康正
譯　　　者／尤莉
責任編輯／劉芸
版　　　權／黃淑敏、吳亭儀、江欣瑜
行銷業務／周佑潔、林秀津、黃崇華

總編輯／陳美靜
總經理／彭之琬
事業群總經理／黃淑貞
發行人／何飛鵬
法律顧問／台英國際商務法律事務所 羅明通律師
出　　　版／商周出版　台北市中山區民生東路二段141號9樓
　　　　　　電話：(02)2500-7008　傳真：(02)2500-7759
　　　　　　E-mail：bwp.service@cite.com.tw
發　　　行／英屬蓋曼群島商家庭傳媒股份有限公司 城邦分公司
　　　　　　台北市104民生東路二段141號2樓
　　　　　　讀者服務專線：0800-020-299 24小時傳真服務：(02) 2517-0999
　　　　　　讀者服務信箱E-mail: cs@cite.com.tw
　　　　　　劃撥帳號：19833503 戶名：英屬蓋曼群島商家庭傳媒股份有限公司城邦分公司
訂購服務／書虫股份有限公司客服專線：(02) 2500-7718；2500-7719
　　　　　　服務時間：週一至週五上午09:30-12:00；下午13:30-17:00
　　　　　　24小時傳真專線：(02) 2500-1990；2500-1991
　　　　　　劃撥帳號：19863813 戶名：書虫股份有限公司
　　　　　　E-mail: service@readingclub.com.tw
香港發行所／城邦(香港)出版集團有限公司
　　　　　　香港灣仔駱克道193號東超商業中心1樓
　　　　　　電話：(825)2508-6231　傳真：(852)2578-9337
　　　　　　E-mail：hkcite@biznetvigator.com
馬新發行所／城邦(馬新)出版集團
　　　　　　Cite (M) Sdn Bhd
　　　　　　41, Jalan Radin Anum, Bandar Baru Sri Petaling, 57000 Kuala Lumpur, Malaysia.
　　　　　　電話：(603) 9057-8822 傳真：(603) 9057-6622 E-mail: cite@cite.com.my

封面設計／黃宏穎　　內頁設計排版／劉依婷　　印刷／韋懋印刷傳媒股份有限公司
經銷商／聯合發行股份有限公司　電話：(02)2917-8022　傳真：(02) 2911-0053
　　　　地址：新北市231新店區寶橋路235巷6弄6號2樓

2025NEN WO SEIHASURU HAKAITEKI KIGYO
Copyright © 2020 Yasumasa Yamamoto
Chinese translation rights in complex characters arranged with SB Creative Corp., Tokyo
through Japan UNI Agency, Inc., Tokyo
Chinese translation rights in complex characters copyright © 2022 by Business Weekly Publications, a division
of Cite Publishing Ltd.
All rights reserved

2022年02月10日初版1刷
2022年06月17日初版2.3刷

版權所有‧翻印必究（Printed in Taiwan）
定價／430元，港幣／143元

ISBN：978-626-318-136-6（平裝）
ISBN：9786263181854（EPUB）

國家圖書館出版品預行編目(CIP)資料

元宇宙時代 全球經濟新霸主/山本康正著；尤莉譯.
-- 初版. -- 臺北市：商周出版：英屬蓋曼群島商家庭
傳媒股份有限公司城邦分公司發行, 2022.02
　面；　公分
譯自：2025年を制霸する破壞的企業
ISBN 978-626-318-136-6 (平裝)

1.CST: 企業管理 2.CST: 企業預測 3.CST: 創業投資

494　　　　　　　　　　　　110022709

城邦讀書花園
www.cite.com.tw

104 台北市民生東路二段141號2樓

英屬蓋曼群島商家庭傳媒股份有限公司
城邦分公司　收

請沿虛線對摺，謝謝！

書號：BW0792　　書名：元宇宙時代 全球經濟新霸主　　編碼：

讀者回函卡

感謝您購買我們出版的書籍！請費心填寫此回函卡，我們將不定期寄上城邦集團最新的出版訊息。

不定期好禮相贈
立即加入：商周
Facebook 粉絲團

姓名：_____ 性別：□男 □女

生日：西元_____年_____月_____日

地址：_____

聯絡電話：_____ 傳真：_____

E-mail：

學歷：□ 1. 小學 □ 2. 國中 □ 3. 高中 □ 4. 大學 □ 5. 研究所以上

職業：□ 1. 學生 □ 2. 軍公教 □ 3. 服務 □ 4. 金融 □ 5. 製造 □ 6. 資訊

　　　□ 7. 傳播 □ 8. 自由業 □ 9. 農漁牧 □ 10. 家管 □ 11. 退休

　　　□ 12. 其他_____

您從何種方式得知本書消息？

　　　□ 1. 書店 □ 2. 網路 □ 3. 報紙 □ 4. 雜誌 □ 5. 廣播 □ 6. 電視

　　　□ 7. 親友推薦 □ 8. 其他_____

您通常以何種方式購書？

　　　□ 1. 書店 □ 2. 網路 □ 3. 傳真訂購 □ 4. 郵局劃撥 □ 5. 其他_____

您喜歡閱讀那些類別的書籍？

　　　□ 1. 財經商業 □ 2. 自然科學 □ 3. 歷史 □ 4. 法律 □ 5. 文學

　　　□ 6. 休閒旅遊 □ 7. 小說 □ 8. 人物傳記 □ 9. 生活、勵志 □ 10. 其他

對我們的建議：_____

_____

_____